KB071360

아이의 감수성과 창의력부터
공부머리까지 함께 키우는

하루 10분 음악의 힘

한 그루의 나무가 모여 푸른 숲을 이루듯이
청림의 책들은 삶을 풍요롭게 합니다.

아이의 감수성과 창의력부터 공부머리까지 함께 키우는

하루 10분 음악의 힘

· 박남예 지음 ·

*일러두기

책에서 나오는 곡명과 영화 및 오페라 제목 등은 홑화살괄호(< >), 앨범명은 겹화살괄호(《 》)로 표기했습니다.

하루 10분,
아이에게 미래를 들려주는 시간

어스름 해가 질 무렵, 아이들과 함께 산책하면서 그날 있었던 이런저런 이야기를 하고 동네 강아지도 만나는 시간이 가장 행복합니다. 아이들이 어렸을 때는 그 시간이 마냥 영원할 줄 알았어요. 아이들의 볼에 뽀뽀하고 안아주고 같이 자던 그때가 말이죠. 그런데 아이들이 크니 이제 손 한번 잡기도 어색하네요. 그 시절 아이들이 어렸을 때로 다시 돌아간다면 엄마의 사랑을 잔뜩 느끼게 해줄 텐데요. 아이들이 좋아하는 아이스크림도 실컷 먹고, 여행도 많이 가고, 사진도 찍어주고, 음악도 함께 많이 들으면서요. 아이들에게 좋은 엄마였을까 문득 돌아보게 됩니다. 한편 아이들은 엄마를 기쁘게 하기 위해 노력하고 혹여나 자기가 부족하지 않을까 걱정할지도 모르겠어요. 서로를 위해 걱정하는 제 자신과 아이들에게 이렇게 말하고 싶네요. 남들의 기준에 맞춰 살지 말고 서로를 있는 그대로 사랑하며 더 행복하자고요.

아이들이 크는 시간은 생각보다 아주 빠릅니다. 그리고 어린 시절에 무엇보다 중요한 것은 부모와 유대감을 쌓고 자신이 좋아하는 것을 찾는 것이라고 생각합니다. 부모와 정서적 유대를 갖는 데는 많은 시간이 필요하지 않습니다. 부모가 하루에 10분만이라도 아이와 함께 음악 감상을 하거나, 아이의 악기 연습을 지켜봐주는 것만으로도 충분합니다. 이렇게 하루 10분씩 아이와 함께하다 보면 어느새 아이의 감수성, 창의력, 공부머리가 자랄 것입니다.

또한 하루에 10분씩 꾸준한 음악 활동을 한다면 음악은 어느새 아이에게 든든한 친구가 될 것입니다. 음악은 언제나 내가 원하는 때에 옆에 있어줄 수 있고 내가 외롭거나 속상하거나 슬플 때 위로해줄 수 있습니다. 어린 시절 엄마와 함께 들은 음악이 훗날 아이에게 큰 힘이 되어줄 겁니다. 그리고 엄마와 음악을 함께 들으며 쌓은 유대감은 친구와 같은 사회적 관계를 더 단단하게 맺는 바탕이 될 것입니다. 또 아이가 음악에서 위안을 얻는 법을 배운다면 힘든 상황을 만나더라도 이겨낼 수 있습니다. 음악으로 키운 감정 관리 능력은 여러 방면에서 아주 훌륭한 심리적 자원이 될 것입니다.

예술을 즐길 줄 아는 아이

국가 경쟁력을 키우기 위해 제4차 산업혁명에 대한 대비로 한창인 요즘 아이에게도 그에 맞춰 예전과 다른 능력이 요구되고 있습니다. 미래에는 창의, 융합, 감성 등의 역량이 중요해진 것이죠. 이렇게 급변하는 세상에서 예술을 통해 경쟁력을 키우는 건 어떨까요?

스티브 잡스와 워런 버핏은 음악으로 자신의 재능을 더 키워나간 인물들입니다. 스티브 잡스는 자신이 가장 좋아한 음악인 밥 딜런의 〈더 타임스 데이 아 어 체인징The Times They Are A-Changin'〉으로 마인드컨트롤을 했다고 합니다. 애플에 복귀했을 때도 "지금의 패자가 훗날 승자가 되리"라는 밥 딜런의 가사를 읊조렸다고 합니다. 또한 잡스는 밥 딜런이 자신의 음악을 계속해서 혁신해나간 것을 보고 자신도 계속해서 진화해나가겠다는 결심을 하게 됩니다. 그렇게 밥 딜런의 음악은 스티브 잡스에게 정신적으로 버틸 수 있는 힘이 되어주었습니다.

워런 버핏은 미국 5대 갑부이자 '투자의 귀재'로 불리고 있죠. 그는 때때로 자신이 이끄는 투자회사의 주주총회를 시작하기 전에 우쿨렐레를 연주한다고 합니다. 어쩐지 투자의 귀재와는 안 어울리는 것 같아 보이지만, 주중에는 일에 집중하고 주말에는 취미생활로 우쿨렐레를 연주하면서 스트레스를 푼다고 합니다. 경제전문지

「포브스」와의 인터뷰에서 그는 수십 년간 우쿨렐레를 즐겨 연주해 왔고, 그동안 키운 실력으로 어린이들에게 연주를 해주고 악기를 무료로 나누어주는 자선 이벤트도 열었다고 합니다.

스티브 잡스와 워런 버핏이 새로운 일 앞에서도 두려워하지 않고 단호하게 결단할 수 있는 자존감과 여러 사람을 아우를 수 있는 소통 능력, 그리고 사회 현상에 호기심을 갖고 분석적인 시각으로 바라보는 사고력을 갖출 수 있었던 것도 일정 부분 그들이 사랑한 음악 덕분은 아니었을까 하는 생각이 듭니다. 우리 아이들도 음악을 통해 생각과 마음을 넓혀 분야 간의 경계를 허물고 자신의 능력을 무궁무진하게 펼칠 수 있을지 모릅니다.

우리나라에서는 어린 나이부터 악기를 가르치지만 대학교 입시 공부를 시작하는 청소년기부터는 더 이상 음악교육을 하지 않게 됩니다. 그리고 아이들은 음악에서 점차 멀어지게 되죠. 하지만 저는 음악의 즐거움을 깨닫는다면 아이와 음악이 멀어지는 일은 없을 거라 생각합니다. 어릴 때 즐겼던 음악은 청소년기에도, 성인이 되어서도, 노년이 되어서도 좋을 수밖에 없습니다. 악기를 평생 사랑하고 즐겨하며 가까이 하는 친구로 만드는 데 도움이 되기를 바라는 마음으로 다음 내용을 엮어봤습니다.

1부에는 음악으로 키울 수 있는 아이의 일곱 가지 능력을 말합니다. 그리고 각 장마다 아이의 능력을 더욱 키워줄 추천곡들을 담았습니다. 첫 번째는 잠재성입니다. 아이에게 음악을 들려주는 환경을 마련하고 음감을 기르며 내면의 잠재성을 키워나갑니다. 두 번째는 감수성입니다. 부모와 아이가 좋아하는 음악을 만들며 정서를 안정시키고 음악적 교감을 하게 됩니다. 세 번째는 소통 능력입니다. 아이는 악기 연주를 다른 사람과 함께 하거나, 부모와 음악 놀이를 하면서 자신의 감정을 다른 사람에게 정확히 표현하는 능력을 기를 수 있습니다. 네 번째는 자존감입니다. 악기를 연습하려면 꽤 많은 노력이 필요합니다. 연주가 잘 안 될 때 포기하고 싶겠지만 그때마다 다시 연습하는 힘을 기르면 성취감을 느끼게 됩니다. 다섯 번째는 회복탄력성입니다. 음악을 들으며 마음의 상처를 치유한 경험은 누구나 한 번쯤 있을 것입니다. 아이가 음악으로 정신력을 다질 수 있는 법을 다룹니다. 여섯 번째는 공부머리입니다. 악기 연습은 엄청난 두뇌 활동을 요구합니다. 그리고 수학과 비슷한 면이 있는 음악 공부는 학습에 도움이 됩니다. 일곱 번째는 창의력입니다. 세상에는 많은 장르의 음악이 있습니다. 그리고 저마다의 연주법도 다르죠. 예를 들어 재즈는 즉흥적인, 현대음악은 기존 형식에서 벗어나는 연주를 합니다. 그리고 힙합은 자기 마음을 담은 가사를 적습니다. 이렇게 다양한 장르를 접하며 다양한 측면에서의 시각을 길러 아이의 창의성을 키워갈 수 있습니다.

2부에서는 음악교육의 로드맵을 제시합니다. 아이에게 음악을 가르치고 싶은데 무슨 악기를 가르쳐야 할지, 그리고 아이가 음악을 하기 싫어할 때는 어떻게 해결해야 할지 등의 고민을 해결해주는 내용입니다. 1단계에는 아이의 나이에 따른 발단 단계를 살펴보고 그 시기에 맞는 음악교육은 무엇이 있을지 살펴봅니다. 2단계에서는 음악교육을 시작하기 전 부모와 아이의 상태를 살펴보고 정확한 방향을 설정합니다. 3단계에서는 때때로 찾아올 수 있는 음악교육에서의 고비들을 살펴보고 이를 슬기롭게 해결해나가는 방법을 찾습니다. 4단계에서는 악기를 언제까지 가르치는 게 적절한지 이야기해봅니다. 음악교육에서 충분히 목표한 바를 이루었는지 점검하는 시간입니다. 그리고 부모들이 음악교육에서 자주 묻는 질문 세 가지를 부록으로 엮었습니다.

이 책은 아이를 전문 음악가로 키우고 싶은 부모를 대상으로 한 것이 아닙니다. 음악이 아이의 생활을 풍요롭게 해줄 것이라고 믿는 모든 부모들을 위한 책입니다. 이 책을 읽으며 음악의 다양한 콘텐츠를 활용하여 교육하는 법을 얻어갈 수 있길 바랍니다. 그리고 음악을 통해 부모와 아이 모두 따뜻해지고 행복해지는 시간이 되기를 소망합니다.

차례

6장 공부머리 … 악기 연주는 두뇌 활동을 자극한다

7장 창의력 … 다양한 장르만큼 생각의 크기도 커진다

2부 내 아이에게 딱 맞는 음악교육 로드맵

1단계 발달 시기별 필요한 음악교육은 따로 있다

2단계 아이의 강점을 키우고 약점을 보완하는 실전 교육

3단계 고비를 이겨내는 경험이 해결 능력을 기른다

4단계 목표를 이루면 음악교육도 끝이 난다

Date. . . .

No.

1부

아이의 1% 남다름을 결정하는 특별한 음악 수업

1장

잠재성

아이의 가능성,
음악 환경이 좌우한다

유럽에서 0세부터 음악을 들려주는 이유

유럽의 음악교육은 일방적으로 가르치지 않고 대화하며 의견을 함께 나누는 태도로 이루어집니다. 이 교육을 통해서 아이는 안정적인 소통과 열린 마음, 유연한 사고를 기르고 견고한 예술적 기반을 쌓아갑니다.

음악교육은 예술가로 키우기 위한 것만은 아닙니다. 아이의 내면에 잠재되어 있는 창의성을 발현할 수 있도록 돕는 역할도 합니다. 음악교육의 맨 처음 단계는 아이와 음악을 만나게 하는 겁니다. 이때 집안 환경을 음악과 자연스럽게 접할 수 있는 분위기로 조성하는 것이 좋습니다.

자연의 소리와 음악적 능력의 관계

음악 선진국으로 꼽히는 독일에서는 갓난아이 때부터 음악을 들려줍니다. 아이에게 음악을 특별한 경우에만 접하게 하지 않고, 일상생활의 소리부터 듣는 법을 가르치며 자연스럽게 기초교육을 시작합니다. 아이들은 자연의 소리를 들으며 다양한 특징을 인식하고, 소리를 자신만의 느낌으로 간직하게 되죠. 예를 들면, 빗방울이 똑똑 떨어지는 소리, 시계의 똑딱 초침 소리, 창문에 바람이 부딪히는 스산한 소리, 새가 재잘거리는 소리 등 그 고유한 상황과 감성을 이해하게 됩니다. 또 다른 방법으로는 놀이를 통해 다양한 악기의 소리를 접하게 하는 것도 좋습니다.

다양한 소리를 탐색하며 자란 아이는 음악도 어려움 없이 받아들일 수 있습니다. 따라서 7세 이전의 아이에게 필요한 음악교육은 다양한 소리에 노출시켜주는 것입니다. 듣는 교육을 하다 보면 언젠가 아이는 자신이 간직한 소리들을 이용해 자신만의 느낌으로 표현하고 싶을 때가 올 것입니다.

자연환경의 여러 가지 소리를 들은 아이는 음악을 듣는 능력도 뛰어나 좋은 음악을 구분할 줄 알게 됩니다. 이 아이가 리듬과 멜로디, 화성을 익혀 좋은 음악을 듣는다면 더 많은 음악적 영감이 생기는 밑거름이 됩니다.

독일에서는 음악교육을 정식으로 받지 않았는데도 악기를 연주하는 사람을 쉽게 만나볼 수 있습니다. 악보를 한 번도 본 적이 없어도, 음악을 연주하고 노래합니다. 탄탄한 기초교육의 힘으로 악기의 소리를 내는 법도 수월하게 터득한 것입니다.

낮은 음의 여러 가지 효과

높은 음과 비교했을 때, 낮은 음은 주로 차분하고 안정적인 소리를 내는 경우가 많고 첼로나 바순 소리들이 이에 해당됩니다. 이런 낮은 소리를 들으면 뇌에서 알파파가 발생됩니다. 알파파는 쉬고 있을 때 나오는 뇌파로 긴장이 완화되었음을 나타냅니다. 그리고 뇌는 쉬는 동안 그 전에 입력되었던 엄청난 양의 정보를 편집하고 정리합니다. 한편 태아 때 낮은 음으로 이루어진 태교 음악을 들으면 갖가지 호르몬이 분비되고 뇌의 발달을 촉진합니다. 또한 아빠의 목소리도 낮은 음에 속합니다. 그래서 아빠가 아이에게 책을 읽어주면 정서 안정에 좋습니다.

아이의 청각을 발달시키는 작은 소리의 힘

자극이 약한 소리는 변화가 미세하게 이루어집니다. 볼륨이 작은 소리를 일상에서 계속 접하다 보면 귀는 여기에 적응하게 됩니다. 그러면 미세한 소리 변화에도 반응하는 능력이 뛰어난 아이로 자라게 됩니다.

사이토 히로시는 『음악 심리학』(스카이, 2013)에서 소리 민감성을 키우는 법으로 '볼륨 낮추는 놀이'를 이야기했습니다. 처음에는 음악을 평소 듣는 음량으로 듣습니다. 그러다가 소리를 점차 작게 줄여보는 것입니다. 볼륨 크기를 25 정도 듣는다면 다음엔 20 정도로 낮춥니다. 이 상태로 계속 듣다 보면 '어, 잘 들리네?'라는 생각이

들 게 됩니다. 이어서 볼륨을 15로 더 낮추게 되면 귀의 감각이 변합니다. 점점 볼륨이 줄어들면 소리는 희미하겠지만 오히려 확실하게 들리게 됩니다. 그리고 처음의 25 크기로 듣는다면 소리가 크게 느껴져서 깜짝 놀랄 것입니다. 귀의 감각을 이 놀이를 통해 계속 연마하면 다양한 소리를 들을 수 있게 됩니다.

볼륨을 낮춰 자극이 약한 소리를 잘 듣는 것은 또 다른 이점이 있습니다. 미세한 변화에도 반응할 수 있어 다른 사람과 이야기할 때 상대방의 감정 변화를 빠르게 알아차릴 수 있게 됩니다. 그래서 상대의 상태에 맞춰 대응하기도 보다 쉬워집니다.

발달된 청각은 경청에 도움이 된다

요즘 시대에는 상대방의 이야기에 경청하는 것을 미덕으로 여깁니다. 미국의 심리학자인 앨버트 메라비언은 첫인상을 결정하는 요소로 겉모습(시각)이 55%, 목소리(청각)가 38%, 말하는 내용이 7%를 차지한다고 했습니다. 목소리가 첫인상을 판단할 때 거의 40%나 영향을 준다니, 사람들은 소리를 본능적으로 인식하고 판단하는 듯합니다.

같은 이야기를 하더라도 목소리의 톤이나 높낮이가 바뀌면 분위기가 바뀝니다. 그에 따라 내용의 의미가 달라지기도 합니다. 목소리와 대화 내용의 연관성을 파악하는 아이는 빠르게 상황 판단을 합니다. 목소리에서 느껴지는 미세한 변화나 말투, 말하는 속도 등을 통해 상대방을 이해하고 상황을 판단하는 것입니다. 즉 소통 능력을 섬세하게 키워갈 수 있게 됩니다.

자극이 약한 소리로 감정을 듣는 법

자극이 약한 소리는 사람의 마음을 이완시키고 자극이 강한 소리는 저절로 긴장하게 만듭니다. 소리가 커지면 심장박동이 빨라지며 아드레날린이 활성화되는 신체 반응이 일어나게 됩니다. 이러한 현상들은 무의식적으로 소리가 커지는 것과 잠재적인 위험을 연결시키기 때문인데요. 소리치는 사람을 봤을 때 위협적으로 느끼는 이유입니다. 그런데 자극이 강한 소리에 지속적으로 노출되면 긴장을 더욱 많이 하게 되고, 마음이 황폐해질 수 있습니다. 항상 불안한 마음에 자신의 감정을 제대로 파악하기 어려워집니다. 따라서 자극이 심한 음악을 듣는 것보다 자극이 약한 음악을 듣는다면 아이가 자신의 감정을 의식하기도 더 쉬워질 것입니다.

마음의 안정을 찾아주는 음악 감상

아이는 부모의 행동을 모방하고 학습하면서 자기 개념이 생겨납니다. 이러한 상호작용이 부족하면 성인기에 자존감 문제와 내적 콤플렉스가 나타나기도 합니다. 음악 활동은 어린 시절 엄마가 해 줄 수 있는 좋은 선물 중 하나입니다. 엄마와 함께 음악을 듣는 것은 손쉽게 할 수 있을 뿐만 아니라, 그 과정 속에서 자연스럽게 아이의 욕구를 충족시켜 줄 수 있습니다. 아이가 자라는 환경 안에 음악이 존재하고, 엄마와 함께 있는 것만으로도 엄마와 아이는 좋은 애착 관계를 형성할 것입니다. 아이가 음악을 함께 들을 준비가 되어 있는지 다음 체크리스트를 통해 확인해보세요. 그런데 아이가 이 항목에 해당이 안 된다 해서 음악에 소질이 없는 것은 아닙니다.

유아기

- ☑ 음악을 틀어놓은 쪽으로 얼굴이나 몸을 돌린다.
- ☑ 엄마의 노래를 따라 소리를 낸다.
- ☑ 음을 나름대로 탐색하는 반응이 있다.
- ☑ 음악을 틀면 집중하거나 동작을 멈추고 감상하는 듯한 행동을 한다.
- ☑ 음악을 환경으로 인식한다.

아동기

- ☑ 여러 사람과 함께 맞춰서 노래 부르는 일을 좋아한다.
- ☑ 음악에 맞춰 흥얼거린다.
- ☑ 음악을 좋아하는 기질이 뚜렷이 나타난다.
- ☑ 박자, 리듬, 음정감 등이 확실하다.

아이와 음악을 함께 들을 때 표정이나 억양으로 반응해보는 것도 좋습니다. 아이는 교감을 나누며 자신이 경험한 것을 엄마도 동일하게 경험하고 있음을 확인합니다. 자신이 경험한 감정을 부모에게서 인정과 지지를 받고 있다고 느끼는 것이죠. 음악에 담긴 멜로디나 가사를 통해 정서적으로 소통하게 됩니다. 이 과정을 통해 건강한 애착 관계를 형성하게 됩니다. 애착 관계가 잘 형성되면 부모와 의사소통을 잘하는 아이로 자랍니다.

심리적 안정감을 주는 클래식

클래식은 정서 순화에 유난히 좋습니다. 클래식의 수평적인 짜임새나 부드럽고 온화한 선율은 마음속의 불만이나 긴장감을 해소시켜줍니다. 아이가 답답해하거나 집중하지 못할 때 클래식을 들으면 심적 완화에 도움이 됩니다. 아이의 두뇌 활동이 유연해져 학습효과가 배가 되는 경우도 있습니다. 또한 줄거리가 있는 클래식은 내용에 따라 악기, 빠르기, 선율이 달라지기 때문에 음악을 듣는 아이의 상상력에 좋은 자극이 됩니다.

대중음악은 리듬 중심인 것에 반해 클래식은 선율과 화성 중심이어서, 클래식만의 음악적 경험을 마주하게 합니다. 특유의 차분함과 고급스러움으로 삶에서 여유와 가치를 찾는 데 도움이 됩니다. 집에서 아이에게 클래식을 들려주고 싶다면 라디오 프로그램을 이용해보는 것도 좋습니다. 클래식을 선곡하는 라디오 채널을 고정으로 켜놓는 것이죠. 그리고 라디오 프로그램 편성에 따라 국악이 나 현대음악도 들을 수 있어 다양한 장르의 음악을 접하게 할 수 있습니다.

아이의 내면 세계를 키우는 음악 리스트

아이가 다양한 소리를 접할수록 아이의 내면 세계가 커집니다. 자연의 소리를 들려주고 싶지만 도시에 살고 있어 그것이 쉽지 않을 때는 자연과 닮은 음악을 들려주는 건 어떨까요.

자연을 소재로 한 클래식

베드리히 스메타나의 〈나의 조국〉 중 〈몰다우〉, 요한 슈트라우스의 〈빈 숲속의 이야기〉 작품번호 325번, 〈봄의 소리〉 작품번호 410번, 에드바르드 그리그의 〈봄에 부침〉 작품번호 43번, 베토벤의 교향곡 제6번 〈전원〉과 비발디의 바이올린 협주곡 〈사계〉 중 〈겨울〉 등이 있습니다.

옛 정취를 느끼게 하는 국악

국악은 한국인의 아름다운 정서가 담긴 음악으로, 듣는 사람으로 하여금 원만한 인격을 갖추게 하는 특징이 있습니다. 대나무로 만든 대금이나 명주실로 만든 가야금으로 연주하는 산조를 들으며 옛 정취를 느껴보는 것을 추천합니다.

자연의 다채로움을 느끼게 해주는 연주곡

인상주의 화가들은 햇빛과 계절에 따라 달라지는 변화, 즉 자연의 색채를 묘사하곤 했습니다. 음악의 인상주의 역시 유연한 리듬과 음색으로 자연감을 지향합니다. 클로드 아실 드뷔시의 〈아라베스크〉나 〈베르거마스크〉 모음곡 중 〈달빛〉, 가브리엘 포레의 〈시실리안느〉가 있습니다.

새소리와 비슷한 관현악 음악을 추천해보겠습니다. 장 루이스 보마디에르 연주의 〈파가니니 카프리스〉 플루트 작품번호 174번이 있고, 리하르트 슈트라우스의 오보에 협주곡 D장조 3악장 비바체는 오보에 소리로 시골 마을 풍경과 자연을 느낄 수 있을 것입니다.

2장

감수성

엄마와 나누는 음악적 교감은 마음을 키운다

애착 음악은 심리적 지지대가 되어준다

어린 시절, 애착 대상이 잘 형성되면 그 대상이 내면화되어 스스로를 위로하는 힘을 가지게 되죠. 힘들거나 좌절할 일이 있더라도 이겨낼 수 있게 됩니다. 하지만 그렇지 못한 사람이라면 힘든 일이 생겼을 때 마음이 채워지지 않아 음주나 쇼핑, 폭식 등 무모한 방법에 빠져들기 쉽습니다.

유아기에 부모로부터 분리되는 과정에서 불안이 발생합니다. 불안을 해결하기 위해 부모 대신, 자신을 달래줄 다른 대상이 필요합니다. 이 대상은 일차적으로는 잠을 재우거나 투정을 가라앉히는 역할을 합니다. 또한 아이에게 부모 외에도 심리적 지지대를 만들어주는 아주 중요한 역할도 합니다. 이러한 대상으로 주로 장난감 인형이나 애착 담요를 많이 활용합니다. 장난감 인형이 부모의 따뜻함, 포근함을 느끼게 해주는 것이죠. 그런데 부모와 함께 듣는 음악도 이 역할을 할 수 있습니다.

세상과 나를 이어주는 연결 다리

애착 관계를 심리학의 '대상 관계 이론'으로 설명해보겠습니다. 대상 관계 이론은 현재의 인간관계가 과거에 형성된 인간관계에 영향을 받는다는 것입니다. 즉, 사람들은 생애 초기에 양육자와의 관계 경험을 바탕으로 자신과 다른 사람들에 대한 표상을 형성해가고 이때 내면화된 표상들이 성격 형성과 타인과의 관계에 영향을 미친다는 이론입니다. 대상 관계 이론의 주요 개념은 자기, 대상, 대상관계입니다. 이 중 대상 관계에서 중간 대상과 중간 현상이 있습니다. 중간 대상은 애착 관계를 형성한 대상을 말합니다. 앞서 이야기한 인형이나 애착 담요 등이 좋은 예입니다. 중간 현상은 중간 대상보다는 광범위한 것으로 외부 현실에 속하지 않는 물건들을 포함해 애착 관계를 형성한 것을 가리킵니다. 노래, 자장가 등이 적절한 예입니다. 그리고 심리학자 마리안 톨핀에 따르면 아동 발달 시기에서 중간 대상의 형성은 자기 진정Self-Soothing의 핵심적인 역할을 하게 됩니다.

애착 대상이 되어줄 음악

잠을 자는 시간에 아이가 불안해한다면 마음을 편안하게 해줄 자장가를 들려주는 것이 어떨까요. 클래식으로는 모차르트와 브람스의 〈자장가〉가 좋습니다. 일본 어쿠스틱 밴드 곤티티의 〈방과 후 음악실〉은 하루의 피로를 풀어주며 잠자리에 들게 해주기 좋습니다. 비틀즈의 음악 〈헤이 쥬드Hey Jude〉, 〈렛 잇 비Let It Be〉 등을 유아에 맞게 오르골로 연주한 버전이 있습니다. 이 음악을 아이에게 들려주면 마음이 차분해질 것입니다. 그리고 이 책에서 추천한 음악이 아니어도 아이가 듣고 싶어 하는 음악이라면 긍정적인 영향을 줄 것입니다.

아이와 음악이 가까워지는 세 가지 방법

아이에게 애착 음악을 만들어주기 전, 우선 주변 환경이 뒷받침이 되어 있는지 확인해봐야 합니다. 첫 번째로 아이가 음악에 주도권을 가지고 마음대로 골라 들을 수 있어야 합니다. 아이가 자신의 음악을 직접 선곡하는 것은 의미가 있습니다. 아이가 그때그때 듣고 싶은 음악을 들으면 아이의 개성이 담긴 취향이 생깁니다. 그리고 어린 시절에 들었던 음악이 먼 훗날, 추억과 행복을 떠올리는 매개체가 될 것입니다.

두 번째로는 아이가 원할 때 언제든 음악을 들을 수 있어야 합니다. 요즘은 스마트폰으로 음악을 듣는 경우가 많기 때문에 스마트폰과 연결할 수 있는 블루투스 스피커를 구입하는 것도 방법입니다. 그리고 집안 곳곳에 작은 오디오를 놓아주는 것도 좋습니다. 이를테면 거실에 하나, 아이 방에 하나씩 오디오를 놓아 음악을 쉽게 접할 수 있는 환경을 만드는 것이죠. 환경이 조성되어도 아이가 음악에 통 관심이 없다면 다음과 같은 방법이 있습니다.

같은 곡을 꾸준히 들려주기

아이가 좋아할 만한 두세 곡을 골라 일관되게 꾸준히 들려주는 것도 좋은 방법입니다. 잠잘 때, 놀 때, 목욕할 때 등 수시로 정해진 음악을 들려주면 이 곡들 중에서 아이가 특히 좋아하는 음악이 생길 것입니다. 이때 아이가 접하는 음악은 듣기에 편안하고 단순한 구성이 좋습니다. 이 음악이 애착 음악이 되면 더욱 좋겠죠. 애착 음악은 부모가 일하는 낮 동안 부모의 자리를 대신하는 훌륭한 육아 도우미가 될 수도 있습니다.

상황에 맞는 테마곡 만들기

아침에 일어날 때, 잠이 들 때, 여행을 갈 때 등 특정 상황에서 접했던 음악은 과거의 기억을 되살려줍니다. 예를 들어 어렸을 때 가족이 다함께 여행을 가며 들었던 음악이 있다면, 그 음악을 들을 때마다 여행을 떠나는 분위기를 떠올릴 수 있을 것입니다. 저는 아이들과 여행을 갈 때면 김동률의 〈출발〉을 듣곤 했습니다. 노래 분위기도 밝고, 한 번도 가보지 않은 곳에 대한 기대와 설렘이 잘 드러나는 곡이거든요. 혹은 엄마가 좌절했을 때 다시 일어나게 만들었던 음악을 아이에게도 들려줘볼까요. 인순이의 〈거위의 꿈〉처럼 희망적인 가사의 음악을 아이가 좋아하게 된다면, 아이는 이 음악을 듣는 순간 언제든 굳건한 본래의 나 자신으로 되돌아갈 수 있을 것입니다.

부모와 아이, 둘만 아는 노래 만들기

부모와 아이에겐 둘만 아는 무언가가 있죠. 둘만 아는 언어, 둘만 아는 장난, 둘만 아는 눈빛……. 이 세상에서 아이와 나 단 둘이서만 아는 음악을 만드는 것도 추천합니다. 음악에는 두 사람을 친밀하게 맺어주는 힘이 있습니다. 아이는 음악으로 부모와 끈끈한 관계를 맺으며 행복을 느낄 수 있습니다. 그리고 엄마와 함께 들었던 추억이 담긴 노래가 있다면 아이에게 그때의 기억은 아주 오래 지속될 것입니다. 소리에 대한 기억은 아주 강하고 뚜렷하게 남기 때문이죠.

테마곡을 이용하는 것도 좋고, 엄마가 노래를 불러줘도 좋을 것 같습니다. 이때 짧은 동요에 아이의 이름을 넣어 개사를 해서 불러주는 것도 좋습니다. 엄마의 목소리를 듣고 자란 아이는 정서적으로도 안정적입니다.

이렇게 애착 음악을 형성해주면 음악은 어느새 아이에게 든든한 친구가 됩니다. 음악은 언제나 내가 원할 때 옆에 있어줄 수 있고, 외롭거나 속상하거나 슬픈 일이 있을 때 위로해줍니다. 아이에게 음악이라는 애착 대상이 단단하게 형성된다면, 아이는 학교에 가서도 안정된 정서로 친구들과 교류할 수 있습니다. 또한 애착 음악으로 자기 위로 능력이 내면화되어 주변 사람의 위로가 부족하더라도 어려운 일을 견뎌낼 수 있습니다. 이런 감정 관리 능력은 여러 방면에서 아주 훌륭한 심리적 자원이 될 것입니다.

엄마와 함께하는 월령별 음악 활동

태교

1. 태교 음악 선정하기

태교 음악으로 여러 곡을 추천할 수 있습니다. 하지만 가장 중요한 것은 엄마가 들었을 때 기분이 좋은 음악이어야 합니다.

2. 노래 불러주기

엄마의 목소리로 노래를 불러준다면 가장 좋은 태교 음악이 될 것입니다.

0~3개월

1. 자장가 들려주기

이 시기에는 아이가 많이 자야 합니다. 아이가 편히 잘 수 있는 음악을 들려줍니다.

2. 하루 일과에 따라 다양한 음악 들려주기

온종일 누워 있는 아이에게 다양한 음악을 들려주어 변화를 주는 것을 추천합니다.

3~9개월

1. 옹알이에 답해주기

신생아들은 옹알이를 비롯한 음성언어를 시도하며 외부와 소통하기 시작합니다. 옹알이는 일종의 창작 행위로 볼 수 있습니다. 발달이 빠른 아이는 옹알이로 흥얼거리기를 시도할 수도 있어요.

2. 리듬에 노출해주기

리듬에 반응하며 리듬 패턴과 빠르기를 구별할 수 있습니다. 리듬감 있는 음악을 들려주면 좋습니다. 노래를 배우고 기억하게 되며 선율, 화성보다는 리드미컬한 곡에 더 관심을 갖습니다. 타악기 등 흥미 요소가 있는 음악을 추천합니다. 유난히 리듬감 있는 곡을 좋아하면 신세대의 음악을 선도하며 인기 있는 아이로 자랄 수 있습니다.

3. 탐색을 도와주기

소리에 대해 호기심이 많은 시기입니다. 마음껏 탐색할 수 있도록 도와줍니다. 아이의 반응을 정확히 파악할 수는 없지만 아이는 특정 악기의 음색을 유심히 듣고 있을 수도 있습니다.

9~18개월

1. 아이와 함께 몸 움직이기

안정된 음을 유지하지는 못하지만 음악에 맞춰 소리를 내보는 등 음악에 반응합니다. 때로는 음악에 맞춰 몸을 움직이기도 합니다. 이때 엄마도 아이와 함께 반응하고 몸을 움직여보세요.

2. 아이만의 멜로디 만들기

좋아하는 음악이 생기는 시기입니다. 아이에게 멜로디를 만들어보도록 권해봅니다. 그러나 엄마에게 어려운 일이 되면 하지 않는 것이 낫습니다.

18~36개월

1. 다양한 리듬에 노출해주기

음악에 반응하는 동작이 다양해지며 운동 기능이 향상됩니다. 리듬 패턴의 변화뿐만 아니라 빠르기와 박의 변화에도 반응을 나타냅니다. 다양한 음악에 많이 노출해주면 몸의 발달을 도울 수 있습니다.

2. 악기 놀이로 소리에 흥미를 갖게 하기

악기에 관한 흥미가 발달하는 시기이며, 악기의 음색 자체에 호기심을 갖게 됩니다. 가능하다면 악기 놀이와 음악 감상을 병행해볼까요.

3. 함께 노래를 부르기

간단한 노래를 충분히 부를 수 있으며 가창력이 향상되는 시기입니다. 음악 감상 시 아이가 노래 따라 부르기를 원한다면 엄마도 함께 노래를 불러봅시다.

36~72개월

1. 음악교육을 시작하기

음 지각력이 향상되며 소리를 구분할 줄 알고 소리의 크기 조절도 가능합니다. 음악교육을 본격적으로 시작할 수 있는 나이입니다. 악기를 가르쳐도 좋습니다.

2. 가창력을 높이기

60개월쯤 되면 아는 노래들이 많아지고 가사를 부분적으로 외워 부르기도 합니다. 그리고 노래를 부를 때 안정된 음정을 유지할 수 있습니다.

아이에게 안정감을 주는 음악 리스트

음악은 아이에게 안정감을 주며 엄마와 애착 관계를 형성할 때 무엇보다도 좋은 영향을 줍니다. 아이의 불안한 마음을 다스려주는 음악들을 추천합니다.

편안한 분위기의 클래식

슈베르트 〈아베 마리아〉 D.839, 헨델의 오페라 〈세르세〉 중 〈라르고〉, 쥘 마스네의 〈타이스의 명상곡〉, 로베르토 슈만의 〈환상 소곡집〉 작품번호 12번, 모차르트의 클라리넷 5중주 중 1악장도 클래식 초보가 듣기에 편안하고 익숙한 음악들입니다.

애착 관계 형성에 도움이 되는 음악

본 윌리엄스 〈푸른 옷소매의 주제에 의한 환상곡〉, 슈만의 〈아름다운 5월에〉 같은 성악곡도 애착 관계 형성에 좋습니다. 어핑햄학교

합창단이 부른 존 루터의 〈세상의 아름다움을 위하여〉도 추천합니다. 대교TV 어린이 합창단의 〈이 세상의 모든 것 다 주고 싶어〉엔 아이의 엄마에 대한 사랑이 담겨 있어 마음이 따뜻해지는 곡입니다.

숙면으로 이어지는 음악

아이가 좋은 꿈을 꿀 수 있도록 잔잔하고 아름다운 음악들을 권해봅니다. 모차르트의 〈자장가〉, 브람스 〈자장가〉 작품번호 49의 4번, 쇼팽의 〈자장가〉 내림 D장조 작품번호 57번, 모두 좋은 곡들입니다. 가브리엘 포레의 〈꿈을 따라서〉 작품번호 7의 1번, 프란츠 그루버의 〈고요한 밤 거룩한 밤〉, 테클라 바다르체프스카의 〈소녀의 기도〉 등 숙면으로 이어지는 음악으로 추천합니다.

짜증내고 화가 나 있는 아이에게 들려주면 좋은 음악

이사오 사사키의 피아노 연주곡을 추천합니다. 섬세하면서 따뜻한 느낌이 드는 곡, 차가우면서 애틋한 느낌이 드는 곡 등 다양하게 있고 피아노 연주에 바이올린, 드럼, 베이스까지 협주하는 악기가 다채로워 아이의 기분전환에 도움이 됩니다.

3장

소통 능력

음악은 소통의 좋은 매개체가 된다

대화와 공감이 줄어드는 아이들

사람은 타인과 사회적 관계를 맺으며 그 안에서 행복감을 줍니다. 현대사회는 공감이 부족한 시대이며 동시에 소통이 매우 필요한 시기입니다. 그러나 오늘날의 개인주의 경향은 소통의 시간을 줄여 내 마음에 공감해주는 누군가를 그리워하게 만듭니다. 마음을 풀어내기 위해 심리상담을 의뢰하는 비율이 늘어가는 추세입니다. 아이들도 직접 만나는 관계보다 인터넷상의 SNS에서 이루어지는 단편적 관계에 더 익숙해졌습니다. 그러나 아이들의 마음 한 부분은 채워지지 않은 채 SNS에 글과 사진을 올리거나 다른 사람의 게시물을 보며 '좋아요'를 누르고 있을지도 모릅니다.

'좋아요'는 많지만, 낮아지는 공감력

미시간주립대학교의 연구에 따르면 1990년부터 지금까지 미국의 젊은이들의 공감 수준은 계속 낮아지고 있다고 합니다. 그리고 샌디에이고주립대학교 심리학 교수는 청소년들이 컴퓨터 게임, SNS, 문자, 화상채팅에 중독되어 현저하게 불행해졌다고 발표했습니다. 혼자 있는 시간의 비중이 높은 사람들은 스포츠나 연주 등 얼굴을 맞대고 사교 활동을 한 사람들에 비해 행복도가 떨어집니다. 그래서 공감과 소통 능력을 기를 수 있는 공동체 활동이 더욱 중요해졌습니다.

많은 나라에서 아이들을 위한 공감 프로그램을 진행합니다. 공감 능력이 대인관계와 사회행동에서 중요한 역할을 한다는 이론을 바탕에 둡니다. 핀란드와 캐나다, 영국에서는 공감 프로그램을 음악, 미술, 연극 등 예술교육과 연계해 가르칩니다. 그중에서도 음악은 공감 프로그램에 주요하게 구성되어 있습니다.

아이는 음악으로 키운 공감 능력으로 이타적 행동을 하고 다른 사람에게 피해를 주지 않도록 조심하게 됩니다. 또한 가족과 친구 등 살아가며 만나게 되는 수많은 관계에서도 정서적 유대관계를 쉽게 맺게 됩니다.

아이의 소통 능력을 키워주는 일곱 가지 음악 활동

아이의 소통 능력을 높여줄 음악 활동을 소개합니다. 크게 음악 학원과 집에서 할 수 있는 활동으로 나누어 살펴보겠습니다.

음악 학원에서 할 수 있는 활동

좋은 선생님 찾아주기

음악교육에서 모델링은 기본입니다. 특히 악기 연주나 노래를 배울 때 아이는 선생님을 모방하면서 많은 것을 배우고 습득합니다. 따라서 음악을 가르칠 때 선생님의 역할은 매우 중요합니다. 선생님의 생각이나, 미묘한 감정들을 발견하다 보면 자연스레 감성도 따라가게 되는 경향이 있습니다. 그러므로 선생님의 밝은 감정들을 느낄 수 있도록 기본 성향이 긍정적인 선생님과 교류하는 것이 좋습니다.

음악 학원의 액티비티 프로그램 확인하기

다양한 액티비티 활동은 아이의 공감과 소통 능력을 향상 시키는 데도 큰 도움이 됩니다. 예를 들면 음악으로 하는 게임이나 음악 감상 후에 가볍게 이야기를 해보는 학원이라면 다양한 표현 방식과 의견을 받아들이는 법을 배우게 됩니다. 이러한 경험을 통해 나와 다름을 인정하고 극복하는 방법들을 배울 수 있습니다.

아이의 눈높이에 맞는지 확인하기

교재나 연주곡 선택 등에서 아이 눈높이와 아이들 세대의 음악을 염두한 프로그램인지 살펴봅니다. 자신의 관심사에 대해 배려받은 아이가 다른 사람 또한 쉽게 배려할 수 있습니다.

집에서 할 수있는 활동

부모가 음악에 대해 잘 모르더라도 괜찮습니다. 아이의 정서를 따뜻하게 길러야 한다는 마음만 있으면 됩니다. 그러면 활동을 통해 아이의 소통 능력을 한 뼘 더 키워볼까요.

음악에 담긴 이야기를 상상해보기

음악에는 다양한 이야기가 들어 있습니다. 작곡을 한 시대적 배경 이야기, 작곡가의 이야기, 곡에 대한 이야기, 곡에 사용된 시나 소설 · 그림의 내용 등 다양한 요소가 포함되어 있습니다. 혹시 아이가 관심을 갖는 음악이 있다면 음악에 담긴 이야기를 나누어보세요. 이야기하며 다양한 감정을 공유할 수 있습니다.

음악을 그림으로 표현하기

음악을 듣고 어떤 감정이 떠오르는지, 또는 연상되는 상황이 있는지 질문하고 이를 그리도록 합니다. 그 후에 그린 그림에 제목을 붙이고 이야기 해보면 아이의 마음을 이해하는 시간을 가질 수 있습니다.

엄마와 노래 부르기

노래 부르기는 자신의 목소리로 음색, 선율, 가사 등을 직접적으로 표현할 수 있는 기회가 됩니다. 노래는 내재되어 있던 감정을 표출함으로써 스스로를 정화하는 기회를 만들어주기도 합니다. 엄마와 노래 부르기를 통해 쉽게 자기 자신의 감정을 표출할 수 있습니다.

엄마와 함께 악기 연주해보기

악기를 연주하는 경우, 엄마가 옆에서 같이 장단을 맞춰주세요. 합주를 하면 음악적 소통을 하게 됩니다. 함께 연주하며 타인과 맞춰가는 법을 배웁니다. 타인에 대한 존중과 배려를 익히고 소통 능력을 형성하게 합니다.

음악은 인간의 정서를 움직이게 합니다. 무엇보다 자라나는 아이들의 정서를 높이는 데 꼭 필요합니다. 학교폭력의 예방적 차원에서 대인관계의 기술을 향상시키는 방법도 될 수 있습니다. 전인교육 관점에서, 음악에 대한 관심을 가져봄으로써 아이의 성장에 작은 해답을 찾아가면 어떨까 합니다.

언어가 아닌 음악으로 소통하는 법

아이의 친구 관계는 학년이 올라가면서 자신의 욕구를 충족시키는 일방적인 단계를 벗어나 타인의 감정을 존중하는 상호적인 관계로 발달하게 됩니다. 연구에 의하면 대인관계에서 실패를 경험한 아동은 범죄를 일으킬 가능성이 더 높은 것으로 보고되었습니다. 또한 취학 전 아동기에 대인관계에 어려움을 겪으면 학교에서 문제를 일으키는 경우도 많다고 합니다. 아동기에 형성되는 대인관계는 성인 때까지 영향을 미칠 수 있기 때문에 아동기에 긍정적인 대인관계를 형성하는 것이 매우 중요합니다.

그렇다면 아이의 대인관계는 무엇에 달려 있을까요. 바로 의사소통 능력에 달려 있습니다. 의사소통을 잘하는 아이는 상대방을 잘 이해하고 자신의 생각도 잘 표현합니다. 다른 사람과의 관계에서 보다 효율적인 의사소통을 하기 위해서는, 표현력을 키워야 합니다. 표현력이 발달한 아이는 의사소통을 주도할 수 있으며, 친구의 이야기에도 적절한 반응을 할 수 있습니다. 그래서 의사소통을 성공적으로 하게 됩니다. 이 과정으로 아이는 상호작용을 촉진하고 다른 사람의 반응을 더 잘 받아들이게 됩니다.

음악 활동으로 비언어적 표현력 기르기

의사소통을 할 때, 언어뿐만 아니라 비언어적인 표현을 통해서 메시지를 전달하기도 하죠. 이것은 상호 간의 행동에 영향을 주고받는 중요한 매개체가 되고, 대인관계에서 중요한 역할을 합니다.

음악 활동을 통해 비언어적 표현력을 키울 수 있습니다. 뉴질랜드에서는 '음악으로 소통과 해석하기'라는 수업을 진행합니다. 아이들은 이 수업에서 개인 및 그룹 연주를 통해 연습하고 발표하면서 자신의 표현력을 향상시키게 됩니다. 우선 연주할 곡의 작곡자와 편곡자의 의도나 문화적 관습을 이해합니다. 그 이해를 바탕으로 자신만의 연주를 선보이고, 사람들의 다양성과 예술의 고유성을 인정하게 됩니다.

미국의 '연계하기' 프로그램에서는 예술 작품을 완성하는 것을 목표로 수업을 진행합니다. 이 과정에서 아이들은 개인의 지식과 경험을 종합하는 훈련을 합니다. 예술적 아이디어와 작품을 사회적, 문화적, 역사적 맥락과 관련짓습니다. 그래서 개인의 아이디어를 사회적으로 어떻게 소통할 수 있을지 고민하게 되죠.

영국은 창작 과정에서의 협업을 통한 소통을 강조하고 있습니다. 같은 창작 목표가 있는 아이들이 모이고 그 안에서 다른 사람과 협업하여 음악을 만드는 과정을 중요하게 생각합니다. 음악은 타인과 함께 할 수 있는 활동입니다. 각자 자신이 맡은 부분을 연주하고, 질서를 지키면서 사회적으로 교류할 수 있는 방법을 익히게 됩니다.

음악에서 소통은 다른 사람에게 전달하고 싶은 자신의 감정을 음악적 형식에 담아 이루어집니다. 아이는 연주나 창작을 통해 자신의 느낌, 생각, 아이디어, 감정을 표현하게 됩니다. 특히 합주는 다른 사람들과 함께 곡을 완성하는 과정에서 소통 능력이 더욱 요구됩니다. 여러 명이 모여 곡을 연습하고 준비하는 과정에서 여러 갈등도 일어나게 됩니다. 이 갈등을 해결하기 위해 다른 사람의 의견을 경청하고 서로의 의견을 공유하면서 소통 능력은 자연스럽게 향상됩니다.

신체와 감정의 표현력을 키우는 음악 놀이

표현력이 자라는 음악 놀이를 소개합니다. 아이가 음악을 들을 때 더 풍부한 감정을 느끼게 하기 위해 몸과 마음을 자극시키는 놀이입니다. 그러면서 자기가 무엇을 느끼고 있는지 정확히 알게 되고, 자신 있게 표현할 수 있게 될 것입니다.

첫 번째 음악 놀이는 음악을 들으면서 신체적으로 표현해보는 것입니다. 음악과 신체 활동을 혼합한 활동은 적극적인 참여를 유도하고 자기표현의 기회를 제공합니다. 음악에 맞춰 자신의 신체를 조절해 동작할 수 있다는 자신감과 만족감을 경험하게 됩니다. 내성적인 아이들은 자신을 신체적으로 표현하기 어려워하는 경우도 있습니다. 작은 동작이어도 좋으니 신체로 자연스럽게 자신을 표현할 수 있도록 하여 원만한 대인관계를 이끌어줍니다.

두 번째는 아이가 음악을 감상하며 음악적 충만함을 느낄 수 있도록 도와주는 것입니다. 음악 감상은 정서적으로 안정되도록 도움을 줍니다. 특히 클래식은 형식이나 악기 구성에 있어 아이에게 좋은 음악 요소를 갖춘 경우가 많기 때문에, 클래식을 많이 들은 아이는 안정된 정서로 대인관계를 원활하게 할 수 있는 확률이 더 높습니다.

세 번째는 다른 사람과 합주하며 나와 타인을 알아가게 하는 기회를 만들어주는 것입니다. 다른 사람과 연주를 함께 하면 적극적인 자기의 역할을 경험하고 타인을 인식하여 사회 적응을 도울 수 있습니다. 사회성을 기르는 최고의 음악 활동이죠. 하나의 하모니 안에서 각자의 연주를 조율하며 진정한 소통의 의미를 찾아갑니다. 연주가 익숙해지면 즉흥연주를 시도하여 더욱 자유롭게 자기 자신을 표현하도록 전개해봅니다. 자기 주변의 세계를 독창적으로 표현할 수 있는 좋은 기회가 될 것입니다.

네 번째는 (잘하든 못하든) 노래를 만들어보는 것입니다. 언어와 음악은 비슷한 표현 방법을 가지고 있으며 서로 연관된 소통 체계입니다. 노래는 언어와 음악의 합작품이며 자신의 목소리로 음색, 선율, 가사 등을 직접적으로 표현할 수 있는 기회가 됩니다. 노래 만들기는 자기 자신의 감정을 표출할 수 있는 표현 방식의 하나가 될 수 있습니다. 노래 만들기가 어렵다면 기존의 노래에 개사하는 방법도 있습니다.

음악 놀이는 자신감과 책임감을 높이고 대인관계를 원활하게 합니다. 음악 놀이로 형성한 자신에 대한 이미지와 타인과의 적절한 사회적 거리감, 올바른 접근 방법은 아이를 긍정적인 방향으로 이끌어줍니다. 음악을 좋아하는 아이를 적극적으로 지원해주면, 아이는 부모님이 믿는 만큼 그 안에서 자신과 타인을 향하여 긍정적인 아이로 성장할 것입니다.

아이의 신체 활동을 돕는 음악 리스트

율동감이 있는 음악을 들으면 몸이 저절로 움직입니다. 음악에 따라 몸을 움직이면 긴장이 풀리고 유연함이 생깁니다. 음악에 맞춰 아이를 안고 춤을 춰보거나 아이와 손을 잡고 리듬에 맞춰 행진을 해보는 건 어떨까요.

율동을 이끌어줄 클래식

쇼팽의 춤곡인 〈왈츠〉, 〈마주르카〉, 〈폴로네이즈〉, 〈미뉴에트〉는 다 율동감이 있습니다. 그중에서도 〈왈츠〉 제11번 내림 G장조 작품번호 70의 1번과 〈왈츠〉 제13번 내림 라장조 작품번호 70의 3번 추천합니다. 브람스 〈헝가리 무곡〉 제5번 G단조도 율동감이 있고 에드바르 그리그의 〈페르귄트〉 제2모음곡 중 〈아라비아의 춤〉 작품번호 55번, 림스키 코르사코프의 〈왕벌의 비행〉도 좋습니다. 사라사테의 〈스페인 무곡〉 작품번호 22의 1번, 〈안달루시아의 로망스〉

도 율동감을 느낄 수 있죠. 차이코프스키의 발레곡 〈잠자는 숲속의 미녀〉 중 파노라마 작품번호 66번이나 모리스 라벨의 〈볼레로〉도 여러 악기 소리와 함께 율동성을 느껴볼 수 있습니다. 바로크 음악은 웅장하고 화려함이 있는 가운데 율동감이 있어요. 비발디의 합주 협주곡이 그 예입니다.

리듬감이 있는 재즈

재즈는 율동성이 있으면서 아이에게 어울릴만한 소프트한 스타일을 들려주도록 합니다. 베니 굿맨의 〈인 더 무드In The Mood〉, 듀크 엘링턴의 〈테이크 디 에이 트레인Take The A Train〉 같은 스윙재즈를 아이에게 들려주는 것도 좋습니다. 아이에게 낯설 수 있는 재즈를 들려주며 음악이라는 넓은 세계를 아이에게 소개시켜주었으면 합니다.

아이가 취향에 맞지 않아 한다면 작은 볼륨으로 다시 한번 시도해봅니다. 고학년이라면 스케일을 더 넓혀서 일본 퓨전재즈 그룹 카시오페아의 음악이나 티스퀘어의 〈서니사이드 크루즈Sunnyside Cruise〉를 들려주는 것도 괜찮습니다. 리듬 악기가 많이 나오므로 리듬감을 느끼는 기회가 될 수 있습니다. 방송용 시그널로 많이 나오는 음악이므로 친숙하게 느껴질 것입니다. 다만 전자악기 사운드가 많다고 느껴지면 굳이 억지로 들을 필요는 없습니다.

4장

자존감

꾸준한 연습으로 완성되는 성취감을 맛보다

정서적으로 불안한 시대,
음악은 아이를 일으킨다

드라마 〈SKY 캐슬〉 열풍에 어린 자녀를 키우는 부모들은 '저 드라마가 현실과 많이 닮았을까?', '진짜로 저렇다면 어떻게 해야 할까?' 많이들 궁금해하고 무엇부터 어떻게 시작해야 할지 고민했을 것 같습니다. 자녀를 일류 대학에 보내기 위한 피나는 노력은 특정 부모들만의 이야기는 아닌 것 같습니다. 드라마에서는 부모의 잘못된 애정과 극단적인 선택이 문제였지만요. 만약 〈SKY 캐슬〉에 나온 부모와 아이가 어린 시절에 음악을 통해 관계를 형성했으면 어땠을까 상상해보기도 합니다. 우리나라 교육 현실에서 음악이 주는 효과를 살펴봅니다.

과중한 학업 때문에 받는 스트레스

요즘 아이들의 신체적 발달은 과거에 비해 월등하지만, 정신적으로는 많이 외롭고 힘듭니다. 2019년 통계청이 발간한 「KOSTAT 통계플러스」에 따르면 아동·청소년의 33%가 '죽고 싶다는 생각을 가끔 하거나 자주 한다.'고 응답했고 그에 대한 주요 원인으로 학업 스트레스가 꼽혔습니다.

너무 어린 나이부터 노출되는 경쟁

과거에는 대입 시험을 앞둔 고3 학생들의 스트레스가 두드러졌습니다. 그런데 최근에는 학년에 상관없이 학업 스트레스를 받는 것으로 밝혀졌습니다. 요즘 아이들은 초등학교에 입학하기 전부터 학업에 대한 강박관념에 시달리고 있고, 학교폭력 문제나 우울증으로 인한 자살률의 증가는 고등학생에서 초등학생까지 급속히 확대되고 있는 실정입니다.

감정 조절이 어려움

몇 해 전, 카이스트 대학생들이 연이어 자살하는 사건이 일어나 사회적으로 큰 이슈가 되었습니다. 전문가들은 뛰어난 인재들이 과도한 경쟁 스트레스를 이기지 못하고 벌어진 사건이라며 오로지 공부만 할 줄 알았지 자신의 감정을 표현하고 통제하는 법을 모르는 요즘 아이들의 문제를 심각하게 들여다봐야 한다고 지적하기도 했습니다.

음악교육은 아이의 정서에 큰 영향을 줍니다. 최근 연구에 따르면 음악이 행동장애나 사회성 부족으로 문제를 겪고 있는 아이들에게 도움이 된다고 합니다. 정서적으로 불안하고 산만했던 아이가 피아노를 배우면서 차분하고 안정된 성격으로 변화하고, 극도로 소심했던 아이가 적극적인 성격으로 바뀌었다는 사례도 있습니다. 아이의 정서가 불안하면 학습에까지 안 좋은 영향을 미칩니다. 마음이 안정되어야 자신의 능력을 마음껏 발휘할 수 있기 때문이죠. 정서가 안정된 아이가 우수한 학업 능력을 나타낸다는 연구도 많습니다. 그리고 음악교육을 통해 느꼈던 감수성은 몸과 마음에 남아 아이의 정서에 큰 영향력을 발휘할 것입니다.

다만 두 가지를 주의하는 것이 좋습니다. 첫 번째는 아이가 흥미로워하는 예체능을 찾는 것이 중요합니다. '어릴 때 예체능을 가르쳐야 한다.'란 말은 어떤 아이에겐 꼭 맞기도 하지만, 어떤 아이에겐 맞지 않는 이야기일 수 있습니다. 꼭 해야 하는 것은 이 세상에 없습니다. 음악을 좋아하지만 악기 배우는 것은 싫은 아이가 있을 수 있고, 음악보다 그림이나 스포츠에 관심이 많을 수 있습니다. 아이가 좋아한다면 무엇이든 괜찮아요. 그것을 찾아주기로 해요. 부모의 일방적인 강요나 욕심으로 악기를 가르치거나 적성에 맞지 않는 악기를 억지로 해야 한다면 그 자체가 스트레스가 될 수 있습니다. 두 번째는 엄마가 행복해야 아이도 행복하다는 것을 잊지 않았으면 합니다. 아이만을 위한 음악이 아닌 엄마가 좋아하는 노래를 부르거나 들어야 합니다. 부모님은 내가 행복해야 아이도 행복하다는 사실을 유념해야 합니다.

끈기와 자기주도성을 기르는 습관의 힘

연습을 좋아하는 아이는 없을 겁니다. 음악에 남다른 애정이 있는 아이조차 연습은 매우 힘들게 느껴질 것입니다. 악기를 배우려면 목표를 정하고 구체적인 세부 계획을 세워서 연습에 연습을 거듭해나가야 합니다. 계속 연습을 주도적으로 하는 것은 마음먹고 가르치려고 해도 가르치기 어렵습니다. 아이들은 악기를 배우면서 주도적으로 연습하는 법을 하나하나 알아가게 됩니다.

악기를 연습하다 보면 어느 순간 자신만의 연습법을 찾게 됩니다. 이는 스스로 공부법을 찾아나가는 데도 큰 도움이 됩니다. 그리고 성취감을 느끼며 해낼 수 있다는 자존감도 생깁니다.

정신적 강인함

아이들에게 있어 악기를 연습하는 시간은 자기 자신과의 싸움이 일어나는 시간이라고 할 수 있습니다. 상대가 자신이기 때문에 너무 외롭고 힘든 싸움입니다. 그 싸움을 견뎌낸 아이와 그렇지 않은 아이 사이에는 분명한 차이가 나타납니다.

자신만의 루틴

생산성이 높은 사람들의 특징은 자신만의 루틴을 가지고 있다는 것입니다. 철학자 칸트, 축구선수 호날두, 소설가 무라카미 하루키 등 자신의 루틴을 가진 사람들은 각 분야에서 탁월한 결과를 만들어내었죠. 다시 말해 몸과 마음을 자신이 원하는 목표대로 쓸 수 있는 훈련이 필요합니다. 무언가를 시작하고 집중하기까지 오랜 시간이 걸립니다. 하지만 훈련을 통해 준비 시간이 없이도 몸과 마음이 그 일을 시작할 수 있는 상태를 만들 수 있습니다.

정신적 강인함과 자신만의 루틴을 만들기 위해서 하루 20분씩 악기 연습을 해보는 건 어떨까요. 많은 일과 중에 아이가 지켜내는 하루 20분은 음악에 대한 불타오르는 열정이 아니라 습관을 다지기 위함입니다.

하루 20분씩 악기 연습을 통해 반복되는 내적 규율은 집중력을 발휘할 수 있고 생산성을 높일 수 있습니다. 좀 더 깊은 도달점에 이르기 위해서는 매일매일 지키는 반복이 중요합니다.

규칙이 흐트러지지 않게 꾸준하고 묵묵하게 하다 보면 어느 순간 아이의 마음속에서 어떤 생각이 만들어질 것입니다. 악기를 배우는 과정 속에서 만들어진 끈기와 '할 수 있다.'라는 자존감이 인생에서 힘들고 포기하고 싶은 일이 생길 때마다 이겨낼 수 있는 힘이 되어줄 것입니다.

하루 20분 연습법의 원칙

하루 20분 연습법의 모토는 "하루에 한 번씩, 하지만 꾸준하게" 입니다. 매일 꾸준하게 연습한다면 자신감과 함께 스스로를 존중하는 마음을 가지게 될 것입니다.

지켜야 할 세 가지 규칙

하루 20분 연습 중에 지켜야 할 규칙이 있습니다. 첫 번째, 일상적인 일과로 만드는 것입니다. 아이에게는 정해진 일과가 다소 필요합니다. 그래서 악기를 연습하는 시간을 하루 일과로 만들면 좋죠. 어떤 부모님은 아이가 연습을 하기 원할 때 하는 것만으로도 충분하다고 생각합니다. 그러나 그것은 때로 아무런 도움이 되지 않기도 합니다.

두 번째는 자신만의 목표를 세우는 것입니다. 먼 미래의 목표부터 가까운 시일의 목표까지 다 괜찮습니다. 하지만 목표가 구체적일수록 무엇을 해야 하는지, 언제까지 해야 하는지가 선명해집니다. 음악 대회에서 입상하기, 어떤 곡을 완성하기 등의 아이만의 목표를 세워봅시다.

세 번째는 연습 장소와 시간을 정해놓아야 합니다. 가능하면 시간과 장소를 정해서 매일 연습하는 게 좋습니다. 연습 공간과 시간을 확보하면 불필요한 고민이 줄어듭니다.

하루 20분 연습에서 부모의 역할

그렇다면 부모는 아이의 하루 20분 연습을 어떻게 도와줄 수 있을까요? 아이의 연습을 옆에서 지켜보며 규칙을 지키도록 이끌어 줄 수 있는 여덟 가지 방법을 소개합니다.

아이의 상태 파악하기

어떤 아이는 관심과 사랑이 필요하지만 어떤 아이는 스스로 알아서 하는 것을 좋아할 수 있습니다. 아이의 성향을 파악하고, 악기를 배우며 신체적으로 불편한 점은 없는지 살펴봅니다.

연습 환경 조성하기

몰입할 수 있는 환경을 조성해줍니다. 연습할 때 다른 데 신경을 쓰면 생각이 흐트러집니다. 연습에 집중하고 몰두할 수 있도록 심플한 환경을 만들어주세요.

경계선을 정해주기

어떤 아이는 부모가 언제, 무엇을, 얼마만큼 해야 하는지 정해주기를 바라고 있을 수도 있어요. 그래야 안정감을 느끼는 아이도 있습니다. 대략적인 방향을 제시해주고 그 안에서 연습할 곡의 순서라든지, 몇 번 연습해야 하는지 등을 아이가 자유롭게 선택하는 것도 방법입니다.

연습하는 목표를 설정하기

연습하기 싫어하고 산만한 아이라면 왜 연습을 해야 하는지 목표가 설정되지 않았을 가능성이 높습니다. 따라서 목표를 함께 설정하고, 짧은 시간 단위로 계획을 세울 수 있도록 이끌어줍니다. 그리고 조건을 달성했을 때 칭찬이나 보상을 해주면 집중력이 높아집니다.

아이가 좋아하는 연습 방법 찾기

아이에 따라 연습하는 방법을 다르게 적용할 수 있습니다. 본인의 연주를 녹음하거나 동영상을 찍어서 들려주거나, 유튜브 등을 통해 유명 연주가의 동영상을 함께 시청하는 것으로 의욕을 높일 수도 있습니다. 다른 사람이 같은 곡을 연주할 때 곡을 어떻게 해석하고 어떤 템포로 어떻게 연주하는지 관심 있어 하는 아이도 있습니다. 우리 아이는 어떤 연습법에 자극받는지 관찰해보세요.

우선순위를 결정해주기

음악 이외에 운동이나 다른 취미 활동을 같이 하고 있다면 우선순위를 정하도록 도와줍니다. 아이는 동시에 모든 걸 다 잘해낼 수 없습니다. 때론 부모가 우선순위를 어떻게 세워야 할지 결정해주는 것도 필요할 때가 있습니다.

가능하다면 작은 선생님 되어주기

처음 악기를 배울 때 악보를 보는 연습은 꽤 긴 시간을 필요로 합니다. 그렇다고 음악 수업을 악보를 익히는 시간으로만 보내기는 조금 아쉽습니다. 할 수 있다면 오선 노트를 활용하여 엄마와 악보를 보는 연습을 해봅니다. 형편상 부모님이 도와주지 못하는 경우라면 다른 방식으로 도움을 주면 되니 편안하게 생각하면 좋을 것 같습니다.

위협하거나 처벌하지 않기

아이가 악기를 연습하기 싫어한다고 위협하거나 처벌하는 것은 금물입니다. 하루 20분 연습법은 아이가 악기에 어느 정도 관심을 보여야만 가능합니다. 관심이 전혀 없는 아이에게 적용하면 안 됩니다. 또 어떤 아이에겐 연습 시간이 10분, 또는 30분이 적절할 수 있으므로 이점 역시 유념합니다.

엄마의 격려의 말이 아이의 자존감을 좌우한다

노래 한 곡을 다른 사람 앞에서 멋지게 연주해내기 위해서는 수많은 노력과 연습이 필요합니다. 그런데 아이가 혼자서 꾸준히 연습하는 것은 쉽지 않습니다. 특히 스마트폰에 길들여져 빠르고 간편한 것을 선호하는 요즘 아이들에겐 참을성과 집중력을 기대하기 어렵습니다. 급변하는 사회 속에서 혼란스럽고, 온라인 세계로 마음은 더욱 황폐해지기 쉽습니다. 부모가 연습하는 아이의 중심을 잡고 아이와 함께 걸어가주는 것은 어떨까요. 이때 부모의 응원 한 마디는 아이를 다독이고 자존감을 높여주는 힘이 됩니다.

이번 이야기는 음악교육보다 아이와 부모와의 관계 형성에 대한 이야기에 더 가까울지도 모릅니다. 부모와의 갈등을 어린 시절에 제대로 해결하지 못한 아이는 사춘기를 겪으면서 문제가 더욱 심화됩니다. 따라서 아이가 음악교육을 받고 있다면, 이 기회를 아이와 엄마의 유대 관계를 돈독히 쌓는 시간으로 만들어보았으면 합니다.

교육 심리학자들에 의하면 부모와의 관계를 쌓는 가장 쉬운 방법은 영유아 시절에 애착을 형성하는 것이라고 합니다. 아쉽게도 그 시기를 놓쳤다면 지금부터 관계를 다지는 노력을 해봅시다. 악기를 연습할 때, 부모와의 따뜻하고 안정적인 관계가 형성된다면 아이는 다른 사람과도 안정적으로 관계를 쌓을 것입니다.

부모부터 긍정적인 마음 갖기

아이에게 칭찬을 하려면 부모 자신의 마음 상태가 진실되어야 하겠죠? 마음이 정말 중요합니다. 진심이 고스란히 아이에게 전해질 때 더 큰 힘을 발휘합니다. 그러니 우선 부모는 내 아이를 바라보는 자신의 마음부터 살펴봅니다. 그리고 긍정적인 마음을 전달합니다. 마음을 강조한 인상 깊은 명언이 있습니다.

"생각이 말이 되고, 말이 행동이 되고, 행동이 습관이 되고, 습관이 성격이 되고 성격이 운명이 되어 당신의 삶을 결정짓습니다."

'우리 아이는 왜 이렇게 한 악기를 오랫동안 붙잡지 못하고 끈기가 없을까?', '방금 화장실 다녀왔는데 또 간다고 하네. 이렇게 집중력이 없어야, 원…….', '아이가 배우는 속도가 다른 또래들에 비해 너무 더딘 것 같은데 괜찮을까?' 등 악기를 배우는 과정 중에 내 아이의 부족한 점을 발견할 때가 있을 것입니다. 그럴 때 아이를 있는 그대로 받아들이고 혹시라도 억압하지 않도록 주의하면 좋겠습니다. 아이가 건강한 신체로, 악기를 다루고 있는 것만으로도 감사하기에 충분합니다. 가끔은 원대한 목표에 비해 현재가 부족해보이기도 합니다. 너무 먼 미래의 목표만을 바라보며 스트레스를 받지 말고 현재를 바라보며 지금을 즐기시길 바랍니다.

아이에게 약이 되는 칭찬하는 법

아이에게 칭찬을 해주고 싶은데 무엇을 어떻게 해야 할지 고민이 된다면 나름의 기준을 세워봅니다. 이런 기준은 어떨까요?

작은 성취에도 기뻐하기

음악교육에서는 최종 목표보다 눈앞에 있는 구체적인 목표가 더 중요합니다. 아이에게 구체적 목표를 세우고 이를 지키게 합니다. 그리고 이를 지켜냈다면 아무리 작은 성취라도 기뻐해주고 칭찬해 줍니다.

보상을 약속하기

달력에 연습한 날을 표시해봅니다. 연습한 날마다 스티커를 붙이게 해서 스무 개가 모이면 원하는 것을 주겠다고 약속해보는 것은 어떨까요. 아니면 연주회를 연습하고 돌아온 날에는 적절히 보상하는 것도 괜찮습니다. 작은 선물을 사주는 것도 좋고, 쿠폰을 만들어 하고 싶은 것을 할 수 있는 선택권을 주는 것도 방법이 될 수 있습니다.

둘만 아는 진심 어린 칭찬하기

많은 아이를 가르치면서 진심 어린 칭찬과 격려가 아이의 자신감을 고취시키는 데 가장 효과적이라는 것을 깨달았습니다. 그러나 "너무 잘한다."와 같이 누구나 할 수 있는 칭찬은 아이에게 신뢰감을 주지 못할 수 있습니다. 그보다는 "처음 배울 때보다 많이 늘었구나.", "열심히 연습한 보람이 있네."처럼 아이의 성과를 구체적으로 표현하며 칭찬하는 것이 좋습니다. 꼭 성취도에 대한 칭찬이 아니라도 "바이올린을 연주할 때 표정이 참 멋지구나.", "기타를 연주하는 네 자세가 참 편해 보인다."와 같이 표정이나 자세에 자신감을 갖게 해주는 것도 좋습니다. 이런 칭찬은 아이가 자신을 긍정적으로 바라보게 되어 자존감을 높여줍니다.

부모가 하면 좋은 말 vs 부모가 해서는 안 되는 말

아이에게 어떤 태도로 대하고 있는지 확인해보세요. 부모의 한 마디가 아이에게 약이 될 수도, 독이 될 수도 있습니다.

지금 이렇다면, 변화가 필요해요!

- ☑ 연주를 잘하는 옆집 아이와 비교한다.
- ☑ 진도에만 관심이 많다.
- ☑ 아이의 특성이 아닌 다른 사람의 기준에 맞춰 악기를 선택한다.
- ☑ "오늘 한 시간만 연습했어? 두 시간 안 하고?"처럼 연습량만 따진다.
- ☑ "학원에서 무슨 곡을 연습했니?"라며 곡의 난이도를 따진다.
- ☑ 음악을 일상 속에서 자연스럽게 들려주는 것이 아니라 학습하듯이 틀어준다.
- ☑ "그 부분 매번 틀리더라."라며 연주나 연습의 단점을 지적하며 개선을 요구한다.

지금 이렇다면, 잘하고 있어요!

- ☑ 자녀의 음악적 호기심에 관심이 많다.
- ☑ 음악교육을 감성교육, 인성교육과 연결짓는다.

- ☑ 내 아이에게 맞는 악기를 찾아준다.
- ☑ 자기주도적 연습과 모자라는 부분에 대한 자발적인 부분 연습을 중요시한다.
- ☑ "학원에서 배운 곡은 느낌이 어땠어?"라고 물으며 아이의 감정에 다가가본다.
- ☑ 아이와 평소에 함께 음악을 듣는다.
- ☑ 음악을 좋아하는 아이가 연주도 잘할 수 있다는것을 잊지 않는다.

아이가 연습할 때 해서는 안 되는 말들이 있습니다. 자존감과도 연결되고 부정적인 감정을 심어줄 수 있기 때문에 "시끄러워. 문 닫고 쳐."와 같은 말을 해서는 안 됩니다. 아이가 간만에 악기를 연습한다고 해서 빈정대며 "네가 웬일이니? 연습을 다하고?"라는 말을 하지 않도록 주의하세요. 그리고 아이의 친구가 더 잘한다고 해서 비교하는 말도 금물입니다. 아이가 연주를 잘못한다고 해서 "그걸 연주라고 해? 그럴 거면 그만둬, 레슨비가 얼만데!" 이런 식의 공격적인 발언 역시 좋지 않습니다.

아이의 자존감을 높이는 말로는 이런 것들이 있습니다.

"최선을 다해서 연습하고 있구나."

"집중력이 대단하다."

“처음부터 끝까지 연주했네.”

“네 속에 숨겨진 음악적 능력이 조금씩 빛을 발하는 것 같아.”

“한 곡을 어떻게 완성할지 기대된다.”

“연습하는 좋은 방법을 찾아냈구나! 엄마는 거기까지 생각하지 못했어.”

“네 연주가 오늘 엄마 마음을 위로하네.”

“멋진 테크닉이 조금씩 늘고 있는걸.”

“오늘 보니까 음을 참 예쁘게 다루는구나.”

“언제 이렇게 실력이 는 거야?”

“어려운 부분을 멋지게 해냈어!”

“연습하고 싶지 않을 때는 좀 쉬어도 돼.”

아이에게 힘이 되는 말을 기억해뒀다가 해준다면 아이의 눈빛이 살아날 것입니다.

아이의 즐거운 아침을 위한 음악 리스트

아침의 기분이 그날 하루의 기분을 결정할 때가 있습니다. 아침에 음악을 들려준다면 좋은 기분으로 하루를 시작할 수 있고, 하루를 힘차게 활동하는 원동력이 되지 않을까요?

힘차고 고급스러운 클래식

헨델의 장대하고 숭고한 스타일은 아침과 잘 어울립니다. 헨델 합주 협주곡 제1번 G장조 2악장, 〈왕궁의 불꽃놀이〉 D장조 HWV 351, 바이올린 소나타 제14번 A장조 HWV 372 2악장도 바이올린의 높고 힘찬 선율로 아침을 시작할 수 있습니다.

저음에 기초를 둔 음악인 바흐의 〈브란덴부르크〉 협주곡도 추천합니다. 이 중에서도 제2번 F장조 BWV1047 1악장은 씩씩함이 아침과 잘 어울립니다.

섬세한 하모니카 연주

하모니카 소리도 섬세한 아침을 열어줄 것입니다. 박종성 연주의 〈딤플Dimple〉을 추천합니다. 전제덕 하모니카 연주 〈브리진Breezin〉도 밝은 감성으로 특별한 아침을 선물할 것입니다.

동요와 영어 노래

'마더구스'는 영국과 미국의 민간에서 전승되어 온 동요의 총칭입니다. 어린이를 위한 동요로 아이들에게 맞게 편곡되어 있으므로 자주 들려줘도 좋습니다. 글로벌 시대에 아이들에게 영어 교육도 되는 일석이조의 효과도 있죠.

아침의 경쾌한 음악

이오시프 이바노비치의 〈도나우 강의 잔물결〉, 주세페 베르디의 〈축배의 노래〉, 무치오 클레멘티의 피아노 소나티네 C장조 작품번호 36의 5번 3악장 등은 귀에 익숙한 곡으로 가볍게 아침을 맞기에 좋습니다. 바흐의 바순 콘체르토 내림 E장조 1악장도 바순 소리로 아침을 멋지게 맞이할 수 있을 것입니다. 유키 구라모토의 선율성이 있는 피아노 곡들은 맑고 청아한 느낌을 줘 아침에 경쾌함을 줄 수 있습니다.

5장

회복탄력성

음악으로 마음의 상처를 치유하다

음악과 행복의 연결고리

아이들은 살아가면서 크고 작은 여러 가지 일들을 겪기 마련입니다. 역경과 어려움을 도약의 발판으로 삼는 긍정적인 힘을 심리학 용어로 '회복탄력성'이라고 합니다. 이 회복탄력성이 있어야 아이들의 마음과 몸이 건강하게 자랄 수 있습니다.

보스턴대학교에서 만 7세가 된 아이 중에 450명을 선정하고 40년 동안 관찰하며 성공 정도를 비교 분석해봤습니다. 그 결과 성공에 영향을 미치는 것은 IQ도, 부모들의 사회·경제적 지위도 아니었습니다. 단 세 개의 요소만이 성공에 영향을 미쳤습니다. 그것은 바로 좌절을 극복하는 태도, 감정을 조절하는 능력, 사람과 어울리는 능력이었습니다. 그리고 이 요소들은 회복탄력성과 긴밀히 연관되어 있습니다. 회복탄력성은 행복하게 사는 것뿐 아니라 꿈을 이루거나 성공하기 위해 중요한 요소가 됩니다. 아이의 학업 능력에 있어서도 회복탄력성은 큰 영향을 미치는 듯합니다.

아이의 회복탄력성을 위해 무엇을 하고 있나요? 어려움을 견뎌내고 제자리로 돌아오는 아이만의 방법이 있어야 합니다. 운동을 하고, 맛있는 음식을 먹고, 책을 읽고, 영화를 감상하는 등 다양한 방법이 있습니다. 이 중에서 음악으로 아이의 감정을 회복하는 방법에 관하여 이야기를 나누어보겠습니다.

아이는 자라면서 엄마 품에서 벗어나 자아를 형성해갑니다. 그리고 자신에게 꼭 맞는 음악적 취향을 찾아갈 것입니다. 아이가 부모와 다른 취향으로 성장해갈 때 엄마는 다소 어색함을 느낄 수 있지만 이것은 건강하고 자연스러운 일입니다. 엄마 또한 아이를 품에서 조금씩 떠나보내며 본래의 자신으로 돌아올 때, 자신이 좋아했던 음악을 떠올리는 순간이 찾아올 것입니다.

내 아이가 청소년이 되면 어떤 음악 활동을 많이 할까요. 2012년 여성가족부의 연구에 의하면 청소년이 선호하는 음악 활동의 유형으로 중·고등학생의 51%가 음악 감상을 꼽았습니다. 두 번째는 노래 부르기(21%), 세 번째 악기 연주(15%)라고 응답했습니다. 그리고 음악 감상을 위해 청소년의 86%가 스마트폰을 활용한다고 했습니다. 또한 청소년의 약 50%가 평일에 30분 이상 음악을 듣는 것으로 나타났습니다.

아이들은 음악이 필요하다고 느끼는 순간을 크게 세 가지로 꼽았습니다. 첫 번째로 자신의 생각과 마음을 정리할 때, 두 번째로 즐겁거나 신나는 일이 있을 때, 마지막으로 외롭거나 우울한 상황에서 음악이 필요하다고 했습니다. 아이가 기쁜 일과 슬픈 일을 음악과 함께한다면 기쁨은 두 배로 키우고, 슬픔은 절반으로 줄일 수 있습니다.

음악은 어떻게 마음을 치유하는 걸까?

요즘 아이들은 학업에 대한 압박뿐만 아니라 학교라는 단체 생활도 해야 하므로 스트레스가 이만저만이 아닙니다. 이럴 때 음악은 아이에게 스트레스를 푸는 좋은 방법이 될 수 있습니다.

그렇다면 음악은 어떤 과정을 통해 아이의 상처를 위로하고 치유할까요? 아이가 불안과 스트레스를 받을 때 버팀목이 되어줄 음악의 효과를 뇌의 활동과 관련해 이야기해보겠습니다.

사람이 감정을 느끼는 과정

우선 사람이 감정을 어떻게 느끼는지에 대해서 살펴보겠습니다. 감정은 뇌와 관련되어 있습니다. 좋아하는 음악을 들었을 때 느끼는 행복한 기분은 뇌에서 만들어집니다. 뇌의 한 부분인 대뇌변연계에서 기쁨, 슬픔, 분노 같은 감정을 만들어냅니다. 또한 이 대뇌변연계는 공격, 식사, 허기, 수면, 성행위 등 생존과 관련된 반응을 담당합니다. 정서와 공격적인 행동의 조절이 여기서 이루어집니다. 그리고 기억과 학습에도 영향을 주는 등 많은 부분을 관장하고 있습니다.

이 대뇌변연계에서는 도파민, 베타 엔도르핀, 세로토닌 등의 호르몬이 분비됩니다. 이 호르몬들이 분비되면서 사람은 감정을 느낍니다. 이 중 도파민은 인간이 살아갈 의욕과 흥미를 부여하는 신경전달 물질입니다. 그런데 도파민이 결핍되면 무엇을 해도 금방 질리고 쉽게 귀찮아져 흥미를 느끼지 못하게 됩니다. 뿐만 아니라 파킨슨병 환자들의 손발 떨림과 운동 장애도 도파민의 부족으로 일어난다는 연구 결과가 있습니다. 한편 도파민이 과다하게 분비되면 정신분열증의 원인이 된다는 주장도 있습니다. 인체에 도파민은 부족하지도 많지도 않은 알맞은 양이 있어야 합니다.

도파민 분비를 촉진하는 음악

맛있는 음식을 먹거나, 사랑을 하거나, 잠을 잘 때 느끼는 행복감은 뇌에서 분비되는 도파민 덕분입니다. 좋아하는 음악을 들을 때도 도파민이 분비됩니다. 어떤 음악을 듣고 기분이 좋아졌다면 뇌의 활동이 촉진되면서 도파민의 분비량이 늘어났다는 뜻입니다.

그러므로 마음의 회복이 필요할 때는 자신이 좋아하는 일을 해야 합니다. 쉬운 방법으로 음악 듣기를 추천합니다. 상처 받은 마음을 음악으로 치유한 경험은 누구나 있을 것입니다. 아이가 힘들어할 때 안정감을 찾는 방법으로 음악을 활용해보면 어떨까요. 아이가 학업과 학교생활로 쌓인 스트레스를 풀어낼 수 있을 것입니다.

음악은 감정을 움직인다

가끔씩 음악이 싫다는 아이도 만납니다. 그런데 그 이유를 자세히 살피면 음악 자체를 싫어하는 것은 아닙니다. 취향이 안 맞았을 뿐이죠. 야채를 싫어해도 맛있는 식사는 좋아하듯이 음악에도 취향이 존재합니다. 그렇다면 아이에게 어떤 음악을 들려주면 좋을까요?

꼭 신나는 노래일 필요는 없다

아이가 마음을 다쳤을 때 느리고 조용한 음악에서 위안을 받는다면 아이의 취향을 존중해줍니다. 어떤 음악학자들은 우울할 땐 슬픈 노래를 듣는 것이 기쁜 노래를 듣는 것보다 더 낫다고 합니다. 슬픈 음악이 마음을 공감해주며 어루만져주기 때문이라고 합니다. 시간이 지나 마음이 회복될 무렵 점차 템포가 빠른 음악으로 바꾸어보는 건 어떨까요.

아이 상황과 비슷한 가사의 노래를 찾아보자

아이 상황과 비슷한 가사의 음악을 들으면서 위로받는 것도 좋습니다. 가수 이한철이 부른 〈슈퍼스타〉는 진학에 실패하고 방황하는 고등학교 3학년 야구선수를 응원하기 위해 만든 곡이라고 합니다. 실패에 힘들어 하는 아이에게 들려주면 알맞을 것 같아요. 러브홀릭스의 〈버터플라이Butterfly〉는 아직 번데기지만 나비가 되어 날아오를 그날이 올 거란 희망을 담은 노래입니다. 아이가 너무 울적해하면 자그마하게 커피소년의 〈내가 니편이 되어줄게〉를 틀어주면 어떨까요. 나지막이 들려오는 "다 잘될 거라고 넌 빛날 거라고 넌 나에게 소중하다고"라는 가사를 들으면 엄마의 마음을 아이가 전달받지 않을까요. 그리고 아이가 시험을 보고 20점을 받아왔다면 하하의 〈키 작은 꼬마 이야기〉를 듣고 위로와 용기를 얻을 수 있을 것 같습니다. 이 외에도 좋은 가사의 노래를 그때그때 상황에 따라 골라 들려줄 수 있겠죠.

아이의 음악 취향을 존중하자

내가 듣는 음악은 때론 나 자신을 나타냅니다. 아이가 "나는 방탄소년단 노래를 좋아해!"라고 말했다면 아이에게 취향이 생겼다는 뜻이며, 방탄소년단의 음악이 곧 아이의 정체성으로 이어질 수도 있습니다. 그것이 아이를 상징하고 표현하는 하나의 수단이 됩니다. 그런데 가끔씩 남의 눈을 의식한 나머지 좋아하는 음악적 취향을 연출하는 아이도 보게 됩니다. 아이에게 그러지 않아도 된다고 말해주세요. 아이가 좋아하는 음악을 존중해준다면 그런 부자연스럽고 어색한 일은 없어질 것입니다.

아이의 마음을 위로해줄 음악 리스트

마음이 처져 있다고 해서 무조건 밝은 음악을 들을 필요는 없습니다. 때로는 느리고 낮은 음악이 내 마음을 공감하며 위로해줄 수 있기 때문입니다. 치열한 경쟁사회 속에서 아이는 상처 받을 일이 많습니다. 부모가 아이의 내면을 살피고 마음을 어루만져줄 음악을 선곡해 아이의 심리적 기둥을 만들어주면 좋겠습니다.

위로 받을 수 있는 연주곡

피아노 트리오로 이루어진 어쿠스틱 카페의 연주곡들과 헨리 맨시니의 〈문 리버Moon River〉 플루트 연주를 추천합니다. 크로스오버 보컬 그룹인 포레스텔라의 〈인 운알트라 비타In Un'altra Vita〉도 편안하고 좋은 목소리로 마음의 평온을 느껴보게 될 것입니다. 그 외에도 엘 까미니또의 〈바닷속 물고기〉나 투츠 틸레망의 하모니카 연주도 아이의 마음을 달래줄 것입니다.

상처 받았을 때 치유해줄 수 있는 음악

잔잔한 쇼팽의 음악들, 그중에서도 쇼팽의 〈녹턴〉을 들어보는 것은 어떨까요? 조성진 연주로 〈녹턴〉 제13번도 추천합니다. 기타 연주곡들도 특유의 화음과 멜로디로 심리적 지지대가 될 수 있습니다.

기분을 전환시키는 음악

히사이시 조의 〈서머Summer〉 등 피아노 곡도 좋고, 무엇보다 최근 유행하는 락이나 모던락, 팝, 가요 등 신나는 음악들을 마음껏 틀어주세요.

노래 가사로 위로 받을 수 있는 음악

곽진언, 김필의 〈지친 하루〉, 이적의 〈걱정 말아요 그대〉 등은 하루 끝에 위로 받을 수 있는 가사로 된 음악입니다. 뮤지컬 〈엘리자벳〉의 〈나는 나만의 것〉의 가사도 아이에게 용기를 줄 수 있습니다.

부드러운 선율이 있는 클래식

베토벤의 피아노 협주곡 제5번 〈황제〉 2악장, 라흐마니노프의 교향곡 제2번 3악장은 아름다운 목관과 현악의 울림으로 유명합니다. 쇼스타코비치의 피아노 협주곡 제2번 2악장, 차이코프스키의 〈현을 위한 세레나데〉도 수려한 멜로디로 기분을 전환하기에 좋습니다.

멜로디가 잔잔한 영화 음악

현악기가 많이 들어간 영화 음악은 감성을 풍부하게 해줍니다. 영화 음악감독 엔니오 모리꼬네의 〈시네마 천국〉, 〈미션〉 OST는 휴머니즘과 진중함을 느끼게 해줍니다. 음역대도 고음, 저음, 중음 등 다양해서 음향이 고르게 안정된 곡들입니다. 또 다른 영화 음악감독 한스 짐머의 곡도 추천합니다. 〈글래디에이터〉, 〈진주만〉 OST는 하나의 주제를 단순하고 육중하게 끌어나갑니다. 그리고 앨런 실베스트리 음악감독의 〈포레스트 검프〉 OST는 잔잔하고 아름다운 선율로 오랜 시간 많은 사람들에게 사랑 받고 있습니다.

위로가 되는 어쿠스틱 팝

제레미 주커의 〈컴쓰루Comethru〉는 어쿠스틱한 기타 반주와 차분한 목소리로 듣는 사람을 편안하게 해주는 노래입니다. 감각적이고 세련된 멜로디와 진솔하고 사랑스러운 가사가 담긴 노래죠. 나긋나긋한 노래이기 때문에 엄마와 아이가 함께 들으면 좋을 것 같습니다. 아이와 음악을 들을 때 너무 클래식만 고집하지 말고 대중음악도 들려주는 것이 좋습니다. 이를 통해 아이의 취향을 존중할 수 있고, 아이가 음악적으로 성장할 수 있는 발판이 될 것입니다.

6장

공부머리

악기 연주는 두뇌 활동을 자극한다

악기를 배울 때 머릿속에서 일어나는 일

음악을 들을 때, 두뇌의 여러 영역이 활발히 활동합니다. 하지만 악기를 연주할 때 머릿속에서는 전신 운동을 하는 것처럼 더 활발한 활동이 일어납니다. 신경과학자이자 음악교육자인 애니타 콜린스는 음악가들이 악기를 연주할 때 두뇌 속에서 불꽃놀이가 일어난다고 표현하기도 했습니다.

이렇듯 악기 연주가 두뇌 발달에 미치는 영향력을 알면 악기를 가르치는 목적이 더 명확해질 것입니다. 지금부터 악기를 배운 아이의 두뇌 발달이 더 뛰어난 이유에 대해 명확하게 설명해드리겠습니다.

악기 연주가 두뇌에 미치는 영향

악기 연주는 두뇌 발달에 도움이 된다는 것이 여러 연구에 의해 밝혀졌습니다. 캘리포니아대학교 두뇌연구센터의 연구에 따르면 악기 연주는 생각을 해서 몸을 움직이고 집중도 해야 하기 때문에 신경세포를 연결하는 시냅스의 연결을 강화한다고 합니다. 그래서 아이의 인지 발달에 긍정적인 영향을 미친다고 합니다. 예를 들어, 피아노를 치면 손끝의 자극에 집중하는 훈련이 됩니다. 협응력과 집중력이 높아지는 것이죠.

롱과 쇼는 두뇌 전송 신경망 모델을 연구하면서 음악과 수학을 처리하는 두뇌피질 영역이 서로 관계가 있다는 가능성을 제기했습니다. 그러면서 음악과 인지 발달 간의 상관관계에 대해 심도 있게 연구했습니다. 이 연구를 통해 인간의 두뇌 구조에서 음악과 수학이 밀접한 관련이 있다는 것이 알려지게 되었습니다. 악보를 보는 것은 수학 개념과 공간지각 능력, 이해력과 언어 능력, 추론 능력을 향상시킨다고 합니다. 결과적으로 두뇌의 정보 처리 영역이 발달하게 됩니다. 그래서 퍼즐이나 장난감을 조립하는 것과 마찬가지로 지능지수를 높이는 데 도움이 됩니다.

악기를 배운 아이의 두뇌는 다르다

악기 연주는 다른 활동보다 두뇌 발달을 더욱 촉진시킵니다. 인지 기능과 신경 처리 능력이 비슷한 수준에 있었던 참가자들을 무작위로 선정해서 두 팀으로 나누었습니다. 그리고 한 팀은 일정 기간 음악 학습을 시키고 다른 한 팀은 시키지 않았습니다. 그 결과 음악을 학습한 팀은 다른 팀보다 뇌의 여러 영역에서 발전을 보였습니다. 그렇다면, 악기를 연주하고 있을 때 머릿속에서는 어떤 일이 일어날까요?

소리에 맞춰 움직일 때의 두뇌

만약 음악을 듣고 발로 박자를 맞춘다고 가정해보겠습니다. 두뇌는 소리를 듣는 순간부터 여러 영역이 활성화됩니다. 그리고 멜로디나 리듬 같은 요소를 이해하고 통합하는 고차원의 사고를 하게 됩니다. 그리고 발을 그에 맞춰 움직이라고 명령하게 되죠. 두뇌는 이 모든 일을 순식간에 해냅니다.

악기를 연주할 때의 두뇌

연주하는 모습은 겉으로 보기에는 단순해 보일 수 있지만 실제 머릿속에서는 파티가 일어납니다. 신경과학자들은 악기를 다룰 때 두뇌의 신경세포들이 불꽃처럼 타오르고 서로 다른 정보를 동시에 상호연결해서 엄청 빠른 속도로 처리하는 것을 밝혀냈습니다. 참고로 음악 연주가 어떻게 불꽃 같은 두뇌의 활성화를 일으키는지에 대한 연구는 아직 미개척 분야입니다. 하지만 이렇게 설명해볼 수 있을 것 같아요. 연주를 하면 시각, 청각, 그리고 운동피질의 활동이 활발해집니다. 다른 운동을 할 때와 마찬가지로 악기 연주도 정확하고 구조화된 신체 활동이 두뇌 기능을 강화시켜주고, 그 힘을 다른 활동에 적용할 수 있게 합니다.

듣기만 할 때 vs 연주를 할 때, 가장 큰 차이점

악기 연주는 정교한 운동 기술을 필요로 합니다. 움직임은 두뇌의 좌우반구 모두 활용해야 조절할 수 있습니다. 이때 좌반구의 영향력이 더 커지며 독창성과 창의성에 더 깊게 관여하게 됩니다. 이러한 이유로 음악 연주는 뇌량의 부피와 활동을 증강시켜주는 것으로 밝혀졌습니다. 여기서 뇌량이란 좌반구와 우반구를 연결해주는 다리로서 메시지가 두뇌에 더 빠르고 다양한 경로로 전달되도록 해줍니다.

머릿속 작동의 결과로 얻어지는 것

음악교육은 아이의 문제해결 능력, 창의력, 분석력, 기억 발달에 도움이 됩니다. 음악교육을 받은 학생들과 받지 않은 학생들을 비교한 연구에 따르면, 음악교육이 학업성취에도 매우 중대한 영향을 미친다는 결과가 나왔습니다. 음악교육이 아이에게 미치는 영향을 하나하나 살펴보겠습니다.

다각도로 문제를 파악하는 문제해결 능력

네 살 때 피아노 교육을 받은 아이는 또래보다 문제해결 능력이 향상된 것으로 나타났습니다. 음악교육은 다른 교육으로는 일어나지 않는 방식으로 신경 연결망을 발달시키기 때문에 어린 시절 음악교육을 많이 받은 사람은 그렇지 못한 사람에 비해 문제를 풀어내는 능력이 뛰어나다는 것입니다. 음악교육을 많이 받은 사람은 문제를 풀 때 두뇌의 어느 한 부분만 움직이는 것이 아니라 여러 부분을 함께 작동시키는 것으로 밝혀졌습니다.

자신만의 방식으로 새롭게 구성하는 창의력

학교에서나 사회생활을 할 때 부딪히는 문제를 더 효율적이고 창의적으로 해결할 수 있게 해줍니다. 또한 음악을 연주하는 것은 감정 콘텐츠와 메시지를 만들어내고 이해하는 것을 필요로 합니다. 즉, 곡을 자신의 방식대로 새롭게 구성하는 일도 필요한 것이죠. 그래서 창의성이 길러집니다. 상호 연관된 일을 처리하는 고도의 운영 기능을 가지게 됩니다.

전체적 구성을 파악하는 분석 능력

연주를 제대로 하기 위해서는 전체 곡에 대한 전략을 세워야 합니다. 그리고 그에 따른 세부사항을 구상하고 계획해야 합니다. 이 훈련을 지속하면 인지적 측면과 감정적 측면에 대한 분석 능력이 발달하게 됩니다.

뛰어난 기억력 발달

곡을 연습할 때 더 빠르고 효율적으로 익히기 위해 암기를 하게 됩니다. 연구에 따르면 음악가들은 고도로 발달된 두뇌를 사용하여 각각의 외운 것들에 이름을 붙인다고 합니다. 개념적, 감정적, 청각적, 그리고 맥락적으로 각기 다른 이름을 붙이는 것이죠. 그리고 떠올리고 싶을 때 마치 인터넷 검색 엔진처럼 검색해서 빠르게 기억해낼 수 있다고 합니다.

수학머리를 키워주는 음악

아이가 수학 시험을 본 날에는 엄마는 마음은 안 그러려고 해도 점수에 예민해집니다. 우리나라에서 수학은 입시를 결정짓는 주요 과목이기 때문입니다. 그리고 수학은 어릴 때 제대로 공부하지 않으면 따라잡기가 어렵죠. 아이가 뒤늦게 철들어 공부하려 해도 수학 점수가 발목을 잡기도 합니다. 수학만 놓지 않았다면 판세를 뒤바꾸어 놓을 수 있다고 후회할 정도이니, 이쯤 되면 누구나 수학 점수로부터 자유롭지 못하다고 느껴집니다.

그런데 이런 걱정 때문에 어린 시절부터 정답 맞히기 위주의 교육만 시키면 사고력이 떨어지지 않을까 우려가 되기도 합니다. 그렇다면 예체능 활동을 통해 수학적인 감을 익혀나갈 순 없을까요? 수학과 참 많이 닮아 있는 음악에 대해 소개해보겠습니다.

사실 역사적으로 수학은 모든 분야의 기본이 되어 왔습니다. 고대 그리스시대의 철학자 피타고라스와 플라톤은 물리적 세계의 근본은 수학이라고 주장했습니다. 그리고 현대사회에도 이공계와 컴퓨터 분야는 물론 사회과학과 미술, 음악, 영상 등 예술 분야까지 수학은 다양하게 영향력을 끼치고 있습니다. 또한 제4차 산업혁명의 길을 열어준 빅데이터 분야 역시 수학에 기초를 두고 있습니다. 이 기술은 산업 전반에 혁신을 가져올 것으로 예상됩니다. 이렇게 수학은 인류가 이루어낸 모든 문명 속에 녹아 있습니다.

수학과 음악이 닮은 점

질서와 규칙

음악에는 일정한 리듬이 있고 마디 안에서 반복이 있습니다. 그것은 수학의 규칙과도 연관됩니다. 수학이 숫자와 기호를 규칙에 따라 나열하여 공식을 만들어낸다면, 음악은 음표와 기호들을 규칙에 따라 배열함으로써 아름다운 소리를 만들어냅니다.

개념 이해

음악은 시간의 흐름 안에 측정의 개념이 기본으로 들어가 있습니다. 악보를 읽을 때 음표를 통해서 단위를 정하고 비교하게 되는데, 이는 수학의 기본 개념을 이해하는 데 도움이 됩니다.

논리성

음악은 작곡될 때부터 논리성에 초점을 두게 되는데 이는 수학적 개념과 연계가 됩니다. 특히 악곡의 형식이나 화성의 연속성은 수학적 논리가 본질이 됩니다. 음악은 '도, 레, 미, 파, 솔, 라, 시, 도'라는 일정한 법칙 안에서 시간적으로 움직이는 기호와 패턴을 가지고 있기 때문입니다.

과정에서 배우는 수학과 음악

음악을 수학교육에 활용하면 수학에 대한 흥미와 자신감을 갖게 할 수 있습니다. 수학에 대한 거부감을 줄이고 왜 필요한지 느끼게 할 수 있습니다. 수학과 음악을 함께 자연스럽게 일상화시키면 아이들이 즐거운 마음으로 수학 문제를 푸는 데 조금이라도 도움이 될지 모릅니다.

'아이들 두뇌 발달에는 이 악기를 가르치는 것이 좋다던데…….'
라며 부모님은 수학을 잘하게 하기 위해 인위적으로 어떤 악기를 가르치려고 염두에 둘 필요는 없습니다. 특히 아이가 안 좋아하는 악기는 가르치면 좋을 것이 없습니다.

'어떻게 하라는 거지? 수학처럼 계산하는 음악 이론을 가르쳐야 하나?' 이렇게 새로운 고민을 더 할 필요는 없습니다. 이 책을 통해 악기 배우기에 대한 근본적인 고민과, 수학과 과학이 토대가 되는 음악교육에 대해 확신만 더 가지면 됩니다.

아홉 살 아이들을 대상으로 한 레빈 박사의 연구 결과에 따르면, 부모가 정답보다 문제해결 과정에 초점을 맞추었을 때 새로운 문제를 더 적극적으로 풀려고 노력하는 것으로 나타났습니다. 음악이론을 공부할 때도, 실수를 타박하기보다 문제를 풀어가는 과정에 대해 칭찬해주면 좋겠습니다.

자기주도 학습에 도움이 되는 악기

아이의 자기주도 학습을 이끄는 결정적인 힘은 끈기와 집중력에 있다고 봐도 과언이 아닙니다. 이 중에서도 끈기는 계획을 세우고, 왜 공부해야 하는지에 대한 자기 인식을 가져옵니다. 물론 외부 환경에 효율적으로 적응하고 목표를 수행하기 위한 자기통제의 기반이 되기도 합니다. 끈기를 흔히 '엉덩이 힘'이라고 부릅니다. 그런데 이 엉덩이 힘을 키우는 데는 음악교육만 한 것이 없습니다. 특히 악기를 하나 배우기 위해서는 끊임없이 연습을 반복해야 합니다. 그 지루하고 끊임없는 연습 과정에서 끈기와 인내력이 길러집니다. 그리고 몸에 체득된 끈기는 본격적인 학습 과정에 들어갔을 때 그 진가를 발휘하게 됩니다. 음악교육으로 길러진 끈기와 인내력은 공부가 힘들어도 계속 해나가는 원동력이 될 것입니다.

끈기와 집중력을 길러주는 악기

악기를 연습하는 과정 속에서 만들어진 끈기는 아이가 인생에서 힘들고 포기하고 싶은 일이 생길 때마다 거뜬히 이겨내는 힘이 됩니다. 이 끈기는 자기주도 학습과 밀접하게 연관되어 있습니다. 자기주도 학습을 이끄는 결정적인 힘이 끈기와 집중력에 있다고 생각합니다. 이 끈기와 집중력을 키우기 좋은 악기를 소개하고자 합니다.

박자를 정확히 지켜야 하는 드럼

드럼은 고도의 집중력을 필요로 하는 악기입니다. 박자와 리듬의 흐름을 느끼며 연주해야 하는 악기이기 때문에 딴생각을 하면 박자를 놓치기 쉽습니다. 주의력이 다소 떨어지거나 행동이 어수선한 아이가 하면 집중력을 키우는 데 도움이 됩니다. 그리고 불필요한 잡념을 없애는 데도 많은 도움이 되는 악기이기 때문에 신경이 예민한 아이, 쉽게 긴장하거나 스트레스를 많이 받는 아이에게도 좋습니다.

집중력이 필요한 피아노

피아노는 악기 특성상 음악의 수직적인 요소(화성법)와 수평적인 요소(대위법)를 다양하게 시도할 수 있습니다. 또한 넓은 음역대의 음을 조화롭게 소화해낼 수 있어야 합니다. 그래서 다른 악기를 연주할 때보다 집중력을 필요로 합니다. 또한 장조, 단조 등 조표에 맞게 악보를 정확히 읽어내야 하기 때문에 꾸준히 한다면 집중력을 키워갈 수 있습니다.

자신의 소리에 집중할 수 있는 기타

기타 독주는 평화롭고 자유로운 느낌을 내는 경우가 많습니다. 자신만의 소리에 집중하기도 좋은 악기입니다. 기타는 친구의 노래에 맞춰 반주를 할 수도 있고, 드럼의 박자에 맞춰 연주를 할 수도 있습니다. 다른 사람과 합주하는 과정 속에서 집중력이 향상되기도 합니다.

공부할 때 듣기 좋은 음악 리스트

아이의 성향에 따라 음악이 공부에 방해가 되기도 하고 도움이 되기도 합니다. 개인적인 견해지만 작은 팁이 되길 바라는 마음으로 선곡했습니다.

책 읽을 때 좋은 음악

악기 연주곡이 무난하며 소품곡이 좋습니다. 이루마의 〈리버 플로스 인 유River Flows in You〉, 〈레터Letter〉, 〈러브 미Love Me〉, 유키 구라모토의 〈레이크 루이스Lake Louise〉, 케빈 컨의 〈선다이얼 드림즈Sundial Dreams〉, 〈댄스 오브 더 드래곤플라이Dance Of The Dragonfly〉, 〈스루 디 아버Through The Arbor〉, 정재형의 〈사랑하는 이들에게〉 같은 뉴에이지의 가벼운 곡들이 어떻까 합니다. 가사가 있는 음악은 책 읽기에 방해가 되므로 좋지 않습니다. 라디오 프로그램은 진행자의 이야기도 책 읽을 때 방해가 될 수 있습니다.

공부할 때 들어도 좋은 클래식

대규모 편성의 교향곡보다 실내악곡 스타일의 작은 앙상블을 추천합니다. 바흐, 모차르트, 베토벤의 소품들은 비교적 간결하고 명료한 형식이 있어 공부할 때 크게 방해가 되지 않습니다. 클래식이라고 해서 다 좋은 것은 아니며, 다이내믹하게 폭이 큰 곡도 있어 어떤 곡은 학습에 방해가 될 수 있습니다.

마음을 차분하게 해주는 자연의 소리

자연의 소리는 마음을 차분하게 하는 효과가 있습니다. 복잡한 머리를 맑게 하고 싶다면 자연의 소리를 권해보는 것은 어떨까요. 마음이 편안해져야 공부도 잘 됩니다.

7장

창의력

다양한 장르만큼 생각의 크기도 커진다

음악회를 아이의 성장 기회로 삼아라

악기 연습에서 벗어나, 음악회로 시야를 넓혀서 새로운 음악을 접해본다면 다른 세상이 보이지 않을까요? 음악회를 고민하거나 계획하지 않고 가보는 것도 방법입니다. 아이와 함께 음악회에 다녀올 수 있다는 것, 그게 가장 중요한 거죠. 아이가 음악에 몸을 맡기고 마음 깊이 감상할 때 그것만큼 아름다운 음악 경험은 없을 것입니다.

아이의 음악교육에 있어 잊지 않아야 할 것은 아이 손을 잡고 음악회에 가는 것입니다. 악기 연습도 중요하지만 아이의 음악적 발전에 영향을 미치는 것은 부모와의 음악회 나들이일 것입니다. 음악회로 아이의 음악적 성장을 돕고 어린 시절 작은 추억의 한 페이지를 만들어주세요.

음악회를 가기 전에 준비해야 할 것

공연장의 위치와 특성 확인하기

음악회라고 하면 규모가 크고 유명 전문 연주가들이 하는 공연을 생각해 부담을 갖기 쉽습니다. 게다가 너무 멀고 비싸면 선뜻 가려는 마음이 들지 않죠. 아이와 처음 음악회를 간다면 먼 곳보다는 집에서 가깝고 소소하지만 실속 가득한 연주회를 선택하는 것이 좋겠습니다. 공연장을 찾다 보면, 생각보다 많은 프로그램이 진행되고 있는 것에 놀라게 될 것입니다. 정통 클래식, 뉴에이지, 퓨전국악, 잼 연주, 락밴드 등 다양한 장르의 음악을 즐길 수 있습니다. 그리고 실내 공연장, 야외 축제, 거리 공연 등 장소마다 특색이 있습니다. 각 공연장의 특성을 고려해 선택하는 것도 좋습니다.

아이와 간단하게 예습하기

공연을 선택했으면 그다음으로 하면 좋은 것은 예습입니다. 작곡가나 작품배경, 악기 편성이나 연주자에 대해 미리 알아보고 갑니다. 예습을 하면서 음악에 대한 지식도 쌓이고, 공연장에서 나눌 이야기도 풍부해집니다. 단, 아이가 학습이라는 느낌을 갖지 않도록 자연스러워야 하며, 이 예습 과정은 생략해도 크게 문제가 되지는 않습니다.

소풍 기분 내기

공연 장소가 야외라면 소풍 기분을 내보는 건 어떨까요? 김밥이나 과일, 음료수 등 먹을거리와 돗자리를 준비해 음악과 함께 피크닉을 즐겨보는 것을 권해봅니다. 신나게 간식을 먹고 놀다가 문득 음악에 집중하는 아이 모습을 발견하게 될지도 모릅니다. 음악이 주는 감동은 불쑥 예고 없이 찾아오기도 하죠.

음악회에서 지켜야 할 예의

복장과 예절을 갖춘다

클래식 공연이라면 복장을 점검해봅니다. 정장을 입을 필요는 없지만 찢어진 청바지나 모자, 슬리퍼 등은 피합니다. 격식에 맞게 의복을 갖추어 입는 것은 아이의 성장에 필요한 가정교육이 될 수 있습니다. 또한 취학 전 아이는 입장 제한이 있을 수 있으므로 이 점을 주의하도록 합니다. 또 핸드폰 꺼두기, 잡담하지 않기, 껌 씹지 않기 등 공연 예절에 대해 아이와 이야기를 나누고 가는 것도 좋습니다. 이 과정을 통해 아이들은 타인에 대한 배려를 배우고, 성숙한 문화 시민으로 성장하는 좋은 기회를 가질 수 있습니다. 그리고 클래식은 악장 사이에는 박수를 치지 않고 한 곡이 끝났을 때에 치는 것이 관례입니다.

질문은 되도록 자제한다

음악회에서 곡이 끝날 때마다 "이 음악은 무얼 나타내는 것 같니?", "이번 음악 어땠어?" 하고 질문을 성가실 정도로 던지는 부모들이 있습니다. 너무 많은 질문은 오히려 아이의 흥미를 떨어뜨릴 수 있으므로 생략하는 것이 좋습니다. 음악회에서 뭔가를 얻어가고 싶은 마음은 이해하지만 공연장에서는 잘 듣는 분위기를 조성해주는 것으로도 충분합니다. 음악을 자주 접하게 해주는 것만으로도 아이의 음악적 역량은 쑥쑥 자랄 것입니다.

음악회는 수동적으로 듣다가 오는 공간이어서 경험과 공감의 자세를 배울 수 있습니다. 다른 사람의 연주를 들으며 연주자의 느낌과 표현을 이해하게 되면 아이의 생각도 깊어집니다.

새로운 경험은
창의력의 원동력이 된다

아이들은 새로운 음악을 쉽게 받아들입니다. 그리고 경험한 것이 적기 때문에 무엇을 봐도 신기하죠. 그런 아이들에게 참신한 공연 경험이야말로 누군가가 생각지 못한 것을 만들어내는 창의성의 토대가 될 수 있습니다. 음악교육을 클래식에만 한정 짓지 말고, 다양한 장르의 음악에 노출시켜주는 것이 좋습니다. 기존 형식을 탈피해 새로움을 추구하는 현대음악, 같은 곡이라도 자신의 느낌을 담아 다르게 표현하는 재즈를 들으며 발상의 전환을 배울 수 있습니다. 그리고 아이에게 색다른 경험이 되어줄 뮤직 페스티벌은 아이의 생각을 넓혀줄 것입니다.

창의성을 키워주는 현대음악과 재즈

현대음악의 좁은 의미는 기존 음악 체계와는 다소 거리가 먼 새로운 음악입니다. 그리고 넓은 의미로 현대의 모든 예술 음악을 가리키기도 합니다. 좁은 의미로 볼 때, 현대음악은 모든 기준을 허용하며 아름다움의 기준에서 벗어나기도 합니다. 예를 들어, 합창에서 불규칙한 리듬이나 일부러 어긋나는 화성을 사용하는 경우입니다. 이런 현대음악의 연주회는 대중에게 인기는 없지만, 새로운 음악을 시도한다는 차원에서 의미가 있습니다.

현대음악은 이런 점에서 아이의 창의력을 키우는 데 작은 시도가 될 수 있습니다. 현대음악의 가장 큰 특징은 다양한 리듬과 양식, 즉 수많은 음악 기법과 악기 소재의 폭을 확대하는 것입니다. 불확실성이나 우연성이 포함되는 경우도 있습니다. 이러한 음악들은 기존의 틀을 깨기 때문에 아이에게 신선한 충격과 경험이 될 수 있습니다. 아름다운 선율에 익숙한 어른의 입장에서는 받아들이기가 힘들 수도 있지만 아이에게는 발상의 전환을 배우고 창의력을 키우는 우연한 기회가 될 수 있습니다.

재즈 공연도 아이의 창의성을 자라게 합니다. 재즈는 연주자들이 자신들의 즐거움을 위해 악보 없이 즉흥적인 연주를 하기도 합니다. 같은 곡이더라도 매번 다르게 연주합니다. 재즈는 즉흥성이라는 특징을 가지고 다른 어떤 음악보다도 새로움을 추구합니다.

특별한 추억을 만들어주는 뮤직 페스티벌

최근 몇 년 사이에 각종 뮤직 페스티벌이 많이 생겼습니다. 뮤직 페스티벌은 주로 여름이나 가을에 야외에서 진행되고 여러 뮤지션들을 초청해 대규모로 열립니다. 페스티벌에서 가지각색 음악의 향연을 볼 수 있을 뿐만 아니라, 다양한 볼거리와 이벤트를 즐기는 체험도 할 수 있습니다.

페스티벌에 가기 전에 아이들이 보기에 부적절한 프로그램은 아닌지 살펴보고 가는 것이 중요합니다. 가사가 너무 자극적이거나 심하게 몽환적인 음악은 그다지 추천하지 않습니다. 페스티벌을 선택할 때 주최 측에서 정해놓은 관람 가능한 나이를 확인해야 합니다. 그리고 페스티벌을 마음껏 즐기기 위해 그늘막 텐트, 두꺼운 겉옷, 담요, 모자, 간식, 카메라 등 준비물들을 꼼꼼히 챙기면 좋습니다. 아이에게 뮤직 페스티벌에서 작은 추억을 선물해보는 것은 어떨까요.

힙합으로 표현하는 요즘 아이들

아이와 공통의 관심사를 만들고 그들의 언어와 생각을 알면 더 좋겠죠? 이 방법 중의 하나가 요즘 아이들이 좋아하는 가요로 소통하는 것입니다. 요즘 많은 인기를 끌고 있는 장르 중 하나가 힙합입니다. 〈쇼미더머니〉라는 힙합 경연 프로그램도 인기가 많습니다. 아이들과 친해지기 위해서 혹은 무언가를 공유하기 위해서 힙합을 같이 듣는 부모님도 늘어나는 듯합니다. 그런데 한편으로 아이가 듣는 힙합이 정서에 해를 끼치지는 않을지, 힙합 프로그램은 몇 살부터 봐도 될지 한번쯤 생각해보셨을 텐데요. 요즘 아이들에게 힙합은 어떤 의미일까요?

힙합이 십 대들의 대중가요 시장에서 큰 인기를 얻는 것은 단순한 유행이 아닙니다. 입시 공부로 고단한 십 대들의 하루에서 힙합으로 마음을 공유할 수 있기 때문입니다. 특히 남자아이들에게 인기 있으며 온라인 게임, 인터넷 방송과 함께 십 대 문화의 한 축이 되었습니다. 과거에 락이 청년들의 저항을 나타내었듯, 요즘 아이들은 힙합을 들으며 자신들의 정체성을 찾아나가는 듯합니다. 음악 공부를 하지 않았음에도 힙합을 작곡하고 랩을 하는 아이들이 있습니다. 마음만 있다면 노트에 작사한 것을 스마트폰으로 녹음하고 편집을 해 노래를 만들어볼 수 있습니다.

아이들은 힙합으로 무엇을 공유하고 있는 걸까?

동질성

강압적 현실에 대한 불만과 불안한 미래, 학교에 대한 스트레스를 표현하며 동질성을 공유합니다.

내적 에너지 표출

가사인 랩과 힙합 특유의 빠른 템포는 십 대의 내적 에너지를 표출해주는 좋은 음악적 도구가 됩니다. 또한 십 대가 자신들의 즐거움을 표현하는 방식이 되기도 해요.

정체성의 일부

비슷한 또래의 정체성을 구성하는 가치관이 되는 듯합니다. 때로는 힙합으로 집단적 가치를 만들어가기도 합니다.

힙합을 통한 동질성과 공감대 형성으로 아이들이 스트레스를 긍정적으로 풀어내기도 합니다. 하지만 부정적인 영향으로 다소 우울감이 생기거나 폐쇄적이 되기도 합니다. 물론 이러한 성향은 힙합을 즐겨 듣는 특성 때문만은 결코 아니지만요. 염려스러운 것은 예술의 본질은 깨닫지 못한 채 대중매체를 통해 비판 없이 받아들이고 모방할 경우, 아이들은 음악에 대해 편협한 가치관을 갖게 될 수 있다는 점입니다. 따라서 다양한 음악을 많이 접해 균형감을 유지하는 것이 중요합니다. 음악적 소양이 갖춰진 이후, 밀려드는 힙합 문화를 자연스럽게 수용하게 된다면 아이의 음악생활은 스스로 선택하고 책임지는 가운데 더욱 넓고 다양해질 것입니다.

아이들의 마음이 어른만큼이나 힘든 요즘, 마음을 터놓고 이야기할 수 있는 상대가 부모라면 이보다 더 좋은 일은 없을 것 같습니다. 아이 마음을 살피고 십 대의 문화를 이해하고 소통하면서, 힙합 문화도 관심을 가져주면 좋겠습니다.

아이의 연령에 따른 음악 감상법

초등학교 저학년

1. 음악으로 느낀 점 자유롭게 이야기하기

여덟 살이 되면 본격적으로 음악회를 다닐 수 있는 시기가 됩니다. 음악회를 통해 좋은 점이나 느낀 점, 재미있는 점, 아름다웠던 점 등을 이야기해보기로 해요. 정답이 없으니 마음껏 말해도 괜찮다고 아이에게 말해주세요.

2. 음악교육의 정점 잊지 않기

아이가 음악적 환경에 영향을 받는 것은 대략 만 9세까지입니다. 이 사실을 잊지 말고 음악교육을 꾸준히, 소신있게 해보아요.

3. 소리에 집중할 수 있도록 분위기 만들어주기

아직 혼자서는 소리에 집중하지 못하기 때문에 부모님이 의도적으로 소리를 집중해서 듣도록 유도해주는 것이 좋습니다. 그렇다고 강제로 억압하지는 않습니다. 들리는 선율에 음악을 따라가다 보면, 언젠가 내 악기도 연주할 수 있게 될 것입니다. 이처럼 좋은 시기에 여러 학원을 보내며 경제적, 시간적 낭비를 하고 있지는 않은지 돌아봅니다.

초등학교 고학년

1. 추상적 사고 이해하기

추상적 사고가 가능하여 숫자, 상징, 음악 기호들을 이해할 수 있습니다. 사고가 완숙에 도달하여 어른과 비슷한 추상력이 있는 시기입니다. 이것을 음악과 연결시켜주기로 해요.

2. 집단 소속감 신경 써주기

집단 소속감 형성에 신경 쓸 나이입니다. 이제 엄마의 품에서 친구들과의 모임으로 점차 아이를 보내줘야 할 때가 된 것 같아요. 아이가 좋아하는 음악을 그 또래의 문화로 존중하기로 합니다.

3. 신체 정신 발달 이해하기

신체적, 정신적, 사회적 발달이 빠르게 이루어져서 부모님도 적응이 필요합니다. 아이가 원하는 음악이 뭘까요. 빠르고 신나는 댄스 곡뿐 아니라 감성적인 발라드 곡도 들을 것입니다. 이때는 신체적 성숙에서 심리적 성숙으로 전향하는 시기입니다. 아이의 심리적 성장을 돕는다는 마음으로 뒤에서 지켜보며 음악 취미 활동을 믿고 지원해주는 것이 좋습니다.

중학생

1. 사춘기 이해하기

사춘기를 겪으며 급격한 변화를 맞이합니다. 정신적으로도 많은 변화로 불안정한 상태입니다. 생각이 일관성도 없고 불안정하고 충동적이죠. 그리고 감정에 민감해지고 죽음, 운명 등 고민도 생기게 됩니다. 아이가 이상한 노래를 듣는 것 같아 불안하다면 가사 정도는 검열해주면 좋겠습니다.

2. 음악을 들으며 공부하는 것을 이해해주기

공부하며 음악을 듣는 것이 집중력을 흩트릴까 봐 걱정하는 부모님들이 있습니다. 아이는 가사에 위로 받으며 스트레스를 풀고 있을지도 몰라요. 초등학교 때와 달리 많은 양의 학습을 하게 됩니다. 음악을 들어도 공부가 잘 된다고 하면 일단 아이를 믿어봐주세요.

아이의 상상력처럼 통통 튀는 음악 리스트

아이에게 상상력과 판타지를 심어주고 싶다면 함께 본 애니메이션 OST를 들려주면 좋습니다. 애니메이션 OST는 오케스트라로 연주한 것이 많기 때문에 클래식에 버금가는 효과가 있습니다.

애니메이션 음악

OST 앨범 《스튜디오 지브리Studio Ghibli Songs》에는 〈이웃집 토토로〉, 〈바람계곡의 나우시카〉, 〈모노노케 히메〉, 〈천공의 성 라퓨타〉, 〈벼랑 위의 포뇨〉, 〈고양이의 보은〉 등 애니메이션 작품별 음악이 옴니버스로 들어 있어 아름다운 세계를 다양한 방식으로 상상하는 데 좋습니다. 물론 〈겨울왕국〉 등의 디즈니 애니메이션도 좋습니다. 디즈니 OST는 대중성도 있고 작품성도 훌륭합니다. 애니메이션에 쓰인 음악은 장면을 떠올릴 수도 있어 아이의 상상력에 좋습니다.

독특하지만 들어볼 만한 클래식

에릭 사티의 〈짐노페디Gymnopédies〉도 기본 화성 체제와 조금 다르기 때문에 독특한 음악이 될 수 있고 조지 거슈인의 〈랩소디 인 블루Rhapsody In Blue〉도 아이에게 독특한 경험이 될 것입니다. 파블로 데 사라사테의 〈카르멘 환상곡〉 작품번호 25번도 바이올린 선율을 따라가다 보면 높은 선율이 이끌어주는 매력에 흠뻑 빠질지도 모릅니다.

소프트한 재즈

클래식이나 영화음악이 지루하다면 재즈로 분위기를 바꾸어 주어도 좋습니다. 재즈 명곡인 〈미스티Misty〉는 아이가 듣기엔 너무 어른스럽다는 느낌이 들면 오르골 연주로 들어보는 것을 권합니다. 또 하나의 명곡인 〈어텀 리브스Autumn Leaves〉는 섬세한 감성과 스윙 느낌을 가진 미국 출신의 재즈 피아니스트 에디 히긴스가 이끄는 트리오의 연주로 들어볼 수 있습니다. 빌 위더스의 원곡인 〈저스트 더 투 오브 어스Just The Two Of Us〉는 시릴 에메와 디에고 피규레도의 연주로 들으면 기타와 보컬의 독특한 색채가 느껴질 것입니다.

Date. . . .

No.

2부

내 아이에게
딱 맞는
음악교육 로드맵

1단계

발달 시기별 필요한 음악교육은 따로 있다

음악적 성장이 결정되는 골든 타임

음악을 들을 때 귀를 쫑긋 세우는 것 같기도 하고, 악기를 배우고 싶다고 조르는 모습을 보면 우리 아이가 이제 악기를 배울 시기가 된 것은 아닌지 궁금할 텐데요. 악기를 언제부터 가르쳐야 할지 함께 알아보겠습니다.

하버드대학교의 교수이자 '다중지능 이론'의 창시자인 하워드 가드너는 인간의 모든 재능 중에서 음악적 재능만큼 일찍 발견되는 것은 없다고 말합니다. 아이의 음악에 대한 관심은 생애 초기부터 있는 것일지도 모릅니다. 인간의 청각은 엄마 배 속에서 가장 먼저 만들어지고 태아부터 발달되며 안정되기 때문입니다. 가드너는 다중지능 이론에서 음악지능을 음의 리듬, 음높이, 음색에 대한 민감성을 보이는 것이라고 소개했습니다. 음악지능이 뛰어난 사람은 음악에 대한 전반적인 이해와 분석적이고 기능적인 능력이 우수함을 뜻합니다. 특히 멜로디 익히기, 소리 맞히기, 음률 기억하기 등이 뛰어나죠. 음악지능이 높은 아이는 훗날 음악 비평가, 작곡가, 연주가가 될 재능이 있습니다.

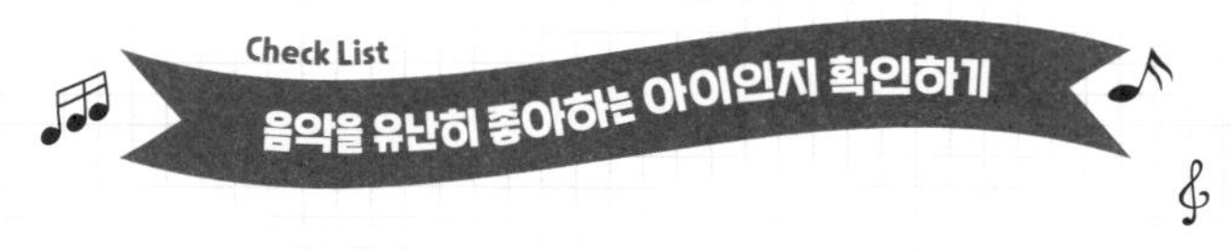

- 어떤 곡이든 쉽게 따라 부르거나 예전에 들었던 곡을 기억해낸다.
- 어떤 악기든 친근하게 가지고 노는 편이며 명확한 음도 만들어낸다.
- 전체 악곡 중 어떤 부분에 대한 관심을 보인다.
- 건반을 이용해 들었던 곡을 비슷하게 연주한다.
- 수개월간 레슨을 받거나, 음악과 관련된 활동을 무리 없이 지속한다.
- 가르쳐주지 않아도 음악으로 표현하는 방법을 알고 있다.
- 리듬이나 음을 잡는 감각이 남다르게 뛰어나다. 음에 대한 민감성이 있고 리듬 패턴을 따라하고 일정 박자를 맞히는 능력이 확실히 있다.

한편, 음악교육학자인 에드윈 고든은 음악적 성숙이 만 9세에 자리를 잡는다고 했습니다. 만 9세까지 음악성은 발달하지만 그 이후에는 테크닉은 발전할지라도 음악적 잠재력은 커지지 않는다고 합니다. 또한 음악에 관심이 많은 아이도 이 시기에 레슨을 받고 연습하는 과정이 없다면 재능을 발휘할 수 없게 됩니다. 아이는 만 6세에 음악성이 성인 수준에 이르며 8세가 되면 모든 발달이 완성됩니다. 음악성은 9세를 기점으로 떨어지므로 이전에 시작해주는 것이 좋습니다.

아이가 악기를 다룰 준비가 되었는지 확인하기

열정이 생겼는가

아이가 악기를 배울 마음이 있는지 네 가지 사항을 통해 확인할 수 있습니다. 첫째, 아이가 음악을 듣는 것이나 연주하는 것에 대해 흥미를 갖는지 살펴보세요. 둘째, 낯선 음악에 대해서도 개방적인 태도로 들으려고 하는지 확인해보세요. 셋째, 악기를 가르쳐 달라고 말을 한 적이 있나요. 넷째, 처음 다루어보는 악기를 배우면서 이에 대한 자부심을 가지는지 확인해보세요. 이 네 가지 요소에 해당된다면 아이의 마음은 준비가 되었다는 뜻입니다.

신체적으로 배울 준비가 되었는가

아이의 신체가 악기를 배울 수 있을 만큼 자랐는지 다섯 가지 요소를 통해 확인할 수 있습니다. 첫째, 리듬에 맞춰 두 손을 치거나 악기를 두드릴 수 있는 능력이 생겼는지 살펴보세요. 둘째, 긴장하지 않고 다른 아이들과 함께 섞여서 학원에 다닐 수 있는 준비가 되었는지 확인하세요. 셋째, 일정 수준의 규칙을 따를 수 있는지 살펴봅니다. 넷째, 악기를 다루는 데 필요한 근육이 발달했으며, 편안하게 악기를 다룰 수 있는 능력이 있나요. 다섯째, 악기를 배울 만한 여분의 에너지가 있는지, 또한 10분 이상 연습에 몰두할 수 있는 신체적 에너지가 있는지 점검해봅니다.

음악을 들을 때 어떤 반응을 보이는가

아이가 음악을 들을 때 어떤 반응을 보이는지 살피는 것도 중요합니다. 첫째, 아이가 소리를 탐색하며 주변에 있는 다양한 소리에 대해 이야기를 하는지 관심을 가져봅니다. 둘째, 소리와 음악을 구별할 줄 아는지 확인해봅니다. 음악은 소리를 소재로 하지만 리듬, 화성, 멜로디가 조화를 이룹니다. 음악은 소리에 일정한 법칙과 형식이 종합되어 감정을 표현하는 예술이므로 이것을 이해하며 단순히 귀에 들리는 소리와 구분할 줄 알아야 합니다. 셋째, 악기의 소리에 호기심을 가지며 서로 다른 악기 소리를 구분하는 등 악기를 탐색하는지 살펴보세요. 넷째, 엄마가 부르는 노래를 이어 부른 적이 있나요. 이는 소리를 지각하는 능력이 있으며 음높이를 정확하게 내고 멜로디를 따라 부를 줄 안다는 뜻입니다. 다섯째, 음악을 몰입해서 듣거나 감상을 다른 사람과 주고받을 줄 아는지 살펴보세요. 그렇다면 음악을 정서적으로 이해하는 능력이 있는 것입니다.

0~2세
청감각이 발달하는 시기

스위스의 심리학자인 장 피아제는 '인지 발달 이론'에서 사람의 발달을 크게 4단계로 나누었습니다. 출생에서 2세까지의 '감각운동기', 2세에서 7세까지 '전조작기', 7세에서 11세까지 '구체적 조작기', 11세 이후는 '형식적 조작기'입니다. 이 시기마다 환경과 상호작용에 의해서 이루어지는 발달과정이 다르게 나타납니다.

이 이론을 기반으로 아이의 연령에 맞는 음악교육 방법을 알아보겠습니다. 이 장에서 소개해드리는 교육 방법을 활용한다면 음악적 성장이 이루어질 뿐만 아니라, 아이와 함께할 수 있는 시간을 더 많이 만들 수 있게 될 것입니다. 피아제의 인지 발달 단계와 그 시기의 음악적 성장의 특징을 함께 살펴볼까요.

피아제의 인지 발달 이론의 첫 번째 단계인 감각운동기는 출생에서 2세까지 해당하는 시기로 음악에 노출을 많이 해주는 것이 가장 중요합니다.

소리에 적응하기

우선 태어난 직후부터 12개월까지의 발달 단계를 살펴보면 신생아들은 옹알이를 하며 외부와의 소통을 시작합니다. 청각적으로 소리가 나는 곳으로 반응하며 노래가 들리면 집중하기도 합니다. 특히 3~9개월 사이는 음성으로 다양한 소리를 만들면서 소리에 대해 탐색하기도 합니다. 이때는 음악적 잠재성을 키우고, 음악을 받아들이는 시기라고 할 수 있습니다. 그러므로 음악을 많이 들려줘서 음악적 감각이 몸에 익숙해지게 하고, 잠재성을 충분히 키워주는 것이 좋습니다.

이 시기에 가장 좋은 음악교육은 클래식을 들려주는 것입니다. 솜사탕처럼 부드럽고 경쾌한 음악을 들려주되 되도록 소리 볼륨을 작게 하는 것이 좋습니다.

음악에 관심 유도하기

아이가 12개월이 넘으면 감정을 표현할 줄 알게 되므로 이때 음감을 익히기에 좋습니다. 이 시기를 '발동적 리듬기'라고 하는데, 신체의 대근육을 이용해 음악에 반응하기 때문입니다. 음악이 들리면 몸을 좌우로 흔들거나 발을 구르면서 음감을 익혀나갑니다. 선율의 흐름보다 리듬에 반응을 일으키므로 탱고나 미뉴에트, 스윙재즈, 국악의 장단 등 여러 가지 리듬을 들려주거나, 리듬악기를 가지고 놀게 하는 것도 아주 좋습니다. 여러 개를 내어 놓으면 산만해지므로 한 개만 내놓고 그 악기를 충분히 활용하게 해서 집중력을 길러주도록 합니다.

그렇다면, 아이에게 어떤 음악이 좋을까요? 재미있고 밝은 느낌의 음악을 들려주는 것을 추천합니다. 악기가 다양하게 나오는 협주곡이나 교향곡도 좋습니다. 아이는 사람 목소리를 좋아하므로 성악곡이나 합창곡도 좋습니다. 아이가 신경질적이거나 산만하다면 첼로 중심의 부드러운 현악기 음악을 들려주세요. 너무 클래식에만 국한하지 말고 때로는 재즈나 국악, 뉴에이지 음악도 좋습니다. 재즈는 특유의 유연함과 우연성이 있어서 좋습니다. 국악은 서양의 비트와 달리 장단이라는 리듬이 있고 한국인이라면 공감할 수 있는 여유와 전통의 힘이 있습니다. 그리고 뉴에이지의 아름다운 선율은 아이에게 사색할 수 있는 시간이 되어주며 감성을 키우는 데 도움이 될 것입니다. 디지털 사운드는 커가면서 들을 기회가 많으니 가능하면 이 시기에는 아날로그 사운드를 들려주도록 합니다. 아이의 감성 발달에도 아날로그 사운드가 더 좋습니다.

2~7세 음악적 체험이 중요한 시기

피아제의 인지 발달 이론, 두 번째 단계는 전조작기입니다. 2세에서 7세까지 이르는 시기로, 음악적 능력이 성장합니다. 이때에는 적절한 음악 체험을 통해 청감각과 반응력을 발달시키는 것을 추천합니다.

아이만의 음악적 영감 키워주기

25개월에서 36개월이 되면 아이의 성격이 어느 정도 형성되면서 각자의 개성이 드러나는 시기가 됩니다. 이 시기에 음악적 개성도 발현됩니다. 아이가 음악으로 무언가를 표현하려고 한다면 아이의 마음이 투영되어 있는 경우가 많아요. 이 시기에 아이의 개성과 상상력을 잘 이끌어주면 자신만의 생각이 담긴 재미있는 음악을 창작하게 됩니다. 음악적 창작을 어렵게 생각하실 필요가 없습니다. 아이에게 무엇을 표현하는 것인지 물어보고, 좀 더 다양하게 표현할 수 있도록 안내해주면 됩니다. 이때 언어적인 감각도 함께 키워주면 좋습니다. 또한 가창력이 향상되는 시기이므로 동요를 많이 들려주고 함께 부르면서 칭찬해주면 노래 부르기를 좋아하는 아이로 자랄 수 있어요.

이 시기의 아이에게 악기로 음악 놀이를 해보는 것은 아주 효과적입니다. 음악교육가 자크 달크로즈, 졸탄 코다이, 카를 오르프는 조기 음악교육의 중요성을 강조했습니다. 그리고 악기도 음악 놀이를 통해 친숙하게 만들어 거부감 없이 받아들이게 해야 한다고 주장했습니다.

그런데 어떤 부모들은 아이에게 처음부터 어려운 악기를 시키기도 합니다. 어린 나이에 악기 배우기는 쉬운 일이 아닙니다. 특히, 처음부터 소리를 내기 어려운 악기들은 어린아이에 적합하지 않죠. 그래서 어려운 악기로 고전하는 아이를 보면 안타까운 마음이 듭니다.

만약 어린아이에게 악기 연주를 경험하게 해주고 싶다면, 두드리면서 소리를 내는 타악기가 좋습니다. 타악기는 치는 즐거움이 있어서 정서적으로도 좋지만 리듬감을 익히기에도 매우 좋습니다. 아이에게 적합한 타악기 종류로는 가죽을 재료로 하여 만든 봉고, 핸드드럼, 젬베, 작은 북 등이 있습니다. 나무의 울림을 이용한 우드 종류의 타악기, 울림이 뛰어나고 비교적 높은 소리를 내는 금속으로 만들어진 타악기, 실로폰처럼 선율이 있는 타악기도 좋습니다. 이 악기들은 음악적 테크닉을 익히는 교육이 아니라 몸으로 자연스럽게 리듬을 느끼며 흥미를 유발하는 음악 놀이의 역할을 합니다.

바이올리니스트 장영주는 네 살 때, 첼리스트 장한나는 여섯 살 때에 악기를 시작했다고 하죠. 불과 몇 년 전까지만 해도 어린 나이부터 악기를 가르치는 것이 대세였어요. 그런데 요즘은 일찍부터 악기를 배우는 것보다 다양한 음악 놀이를 통해 즐기고 놀면서 감수성을 키우는 것이 추세입니다. 특별한 날에 장난감 대신 장난감 악기를 사주면 어떨까요.

연령에 맞는 악기 선택하기

아이가 4세가 되면 또래보다 성장이 빠른 아이는 피아노, 우쿨렐레 등을 시작할 수 있습니다. 피아노는 오래전부터 여러 가지 이유로 가장 처음 배우는 악기가 되어 왔습니다. 큰 노력을 하지 않고도 정확한 음이 나며 화성과 선율, 리듬을 만들어내는 좋은 악기임에 틀림없습니다. 그러나 장조, 단조 등에 따라 복잡한 악보를 읽어내야 하기 때문에 어느 수준 이상 되면 꽤 어려운 악기가 됩니다. 또한 누구나 손쉽게 배울 수 있는 무난한 악기지만 어떤 아이에게는 지루하고 그만두고 싶은 악기가 될 수도 있습니다.

우쿨렐레는 휴대가 간편하고 레퍼토리가 다양하여 즐겁게 배울 수 있습니다. 기타와 비교하자면 줄이 4개여서 코드 잡기도 쉬운 편이라 수월하게 익힐 수 있습니다.

6~7세 무렵부터는 조금 더 많은 악기를 배울 수 있습니다. 바이올린은 일반적으로 7세부터 가능하며 1/4, 1/2, 3/4 등 사이즈가 다양하므로 아이에게 알맞은 크기를 선택할 수 있습니다. 바이올린은 아이가 몸 전체로 전달되는 악기의 진동을 싫어하면 배우기 힘듭니다. 소리를 만드는 동안 견디는 인내력이 있어야 하며 음에 대해 감각이 있는 아이가 하기 적합합니다. 그리고 현을 누를 수 있는 손가락의 힘과 활을 자유자재로 움직일 수 있는 팔 힘이 있어야 하므로 소근육이 발달된 상태에서 배우는 것이 좋습니다. 또한 바이올린은 소리가 귀 가까이에서 들리므로 예민한 아이는 스트레스를 받거나 민감하게 반응할 수 있습니다. 이럴 때는 첼로처럼 조금 낮

은 소리를 내는 악기로 바꾸는 것도 방법입니다.

가야금도 6~7세에 시작하기 좋은 악기입니다. 서양 음악이 유입되면서 다양해진 레퍼토리를 연주하기 위해 악기의 개량이 이루어졌습니다. 그리고 최근에는 줄 수를 늘리면서 옥타브가 늘어나 연주할 수 있는 곡이 많아졌습니다.

7~11세
쉬운 악기부터 익히는 시기

피아제의 인지 발달 이론, 세 번째 단계는 7세에서 11세를 이르는 구체적 조작기입니다. 이 시기에는 수 개념이 발달하고 악기를 연주할 만큼 신체적 성장도 이루어지므로 악기를 연주하고 악보를 읽는 등의 이론 교육을 시작하는 것이 좋습니다.

아이에게 추천하는 현악기

아이가 7~9세라면 현악기를 시도해보는 데 큰 무리가 없습니다.

첼로는 바이올린에 비해 악보가 단순하고 연주 자세도 쉬운 편이어서 초보자도 쉽게 재미를 느낄 수 있습니다. 레퍼토리가 많고 연주가 즐거우며 활기가 있습니다. 그러나 몸이 너무 작거나 손이 작은 아이는 불리할 수 있습니다. 바이올린처럼 작은 사이즈의 첼로부터 시작할 수 있으므로 7~8세부터 가능합니다. 그러나 작은 사이즈의 첼로는 바이올린에 비해 가격도 비싼 편이고 구하기도 쉽지 않습니다.

기타는 손가락을 쫙 펼쳐 어렵지 않게 악기를 잡을 수 있는 성장이 이루어져야 하기 때문에 7~8세 이상부터 시작하는 것을 추천합니다. 기타를 배우면 또래 집단에서 인정받기에 좋습니다.

아이에게 추천하는 목관악기와 국악기

이 시기에는 목관악기 중 클라리넷, 플루트를 추천하고 국악기로는 해금과 대금을 추천합니다.

플루트는 악기의 장치를 누르면 소리가 나기 때문에 배우는 속도가 빠른 편입니다. 악기가 작고 예뻐 여자아이들에게 인기가 좋습니다. 그러나 악기의 특성상 왼손잡이에게는 어렵고, 연주 내내 계속 불어야 하기 때문에 뇌에 산소가 공급되지 않아 힘들어 하는 경우도 꽤 많아요.

클라리넷은 각 키들 사이만큼 손가락을 벌려서 키의 열린 구멍을 막을 수 있어야 합니다. 음역대가 넓어 밝은 느낌, 날카롭고 예리한 느낌, 평온하고 목가적인 느낌 등 다양한 표현을 할 수 있습니다.

해금은 손가락으로 줄을 누르면서 활로 소리를 냅니다. 멜로디 악기이고 다양한 곡을 연주할 수 있습니다. 줄 두 개를 왼손의 장력으로 쥐었다 폈다 하면서 정확한 음정을 만들어야 하기 때문에 영리하고 음감이 뛰어난 아이에게 적합합니다. 음악적 표현도 자유롭게 할 수 있어서 상상력이 풍부한 아이에게 알맞은 면도 있습니다. 악기 가격도 그렇게 비싸지 않고, 크기가 작아 휴대가 편리합니다.

또 하나 추천하는 국악기는 대금입니다. 청아한 소리에 취해서 무턱대고 배우기에는 다소 어려운 부분이 있긴 합니다 대금이 어렵다면, 그 대용으로 소금으로 시작해도 좋습니다. 초등학교 저학년은 소금으로 시작해서 고학년이 되어 대금으로 갈아타는 경우가 많아요. 그러나 소리를 만들어내기가 다소 까다로운 편이어서 세심하고 인내심이 있는 아이가 하면 더 잘할 수 있습니다.

10~11세는 신체적으로 악기를 배우기 가장 좋은 나이이며, 집단에 대한 소속감이 높아지고 화음에 대한 분별력이 향상되는 시기이므로 합주 활동을 권장합니다.

11~15세
음악으로 개성을 표출하는 시기

피아제 이론의 마지막 네 번째 단계는 형식적 조작기로 11세에서 15세를 일컫습니다. 가치체계가 확립되는 시기로, 예술의 가치를 인정하고 음악적 성취를 이룰 수 있습니다. 그리고 악곡의 의미에 대한 통찰을 바탕으로 연주를 할 수 있습니다.

앞서 살펴본 피아노, 기타, 가야금, 대금 등과 더불어 색소폰, 오보에 등을 배울 수 있는 시기가 됩니다. 색소폰은 사람의 목소리와 비슷해서 매력적인 악기입니다. 배우기 쉽고 소리가 크며 감미로운 소리를 내고, 즉흥적으로 연주할 수 있는 자유로움이 있습니다. 플루트나 클라리넷보다는 더 비싼 편입니다. 손가락의 힘이 필요하므로 13세 이후에 배우는 것이 좋습니다.

전형적인 오케스트라나 실내악에서 연주하는 스타일을 좋아하지 않는 아이라면 색소폰을 권유해보세요. 자신의 개성을 살리기 좋아하는 십 대들에게 좋으며 다른 악기들보다 창의적으로 연주할 수 있는 편이에요. 빠른 시간 안에 배울 수 있는 악기이며 연습을 많이 하지 않아도 성과가 꽤 좋습니다.

그리고 남들과는 다른 악기를 선택하고 싶다면 오보에를 추천해봅니다. 매우 아름다운 소리를 내는 악기지만 오랜 헌신과 인내, 힘든 연습이 뒤따라야 배울 수 있습니다. 혼자서 소리를 내는 것보다 다른 사람과의 합주에서 더 매력을 풍기는 악기입니다. 숨 조절이나 입술 조정이 어려워 12~13세부터 시작할 것을 권합니다. 호흡기 질환이 있는 아이는 배우기 어려우니 주의하세요.

음악을 좋아하는 아이들이 독학으로 피아노를 쳐보고 흥얼흥얼 생각나는 리듬을 녹음하다가 작곡하게 되는 경우가 많습니다. 그러다가 컴퓨터 프로그램으로 작곡을 도전해보기도 하죠. 요즘 아이들은 그 어떤 세대보다 컴퓨터를 잘 다루므로 검색이나 유튜브를 통해 독학이 가능합니다. 컴퓨터를 좋아하는 아이라면 작곡 프로그램을 깔아주기만 해도 어느새 작곡하는 경우가 있습니다. 컴퓨터 프로그램으로 작곡하는 것도 이제는 엄연히 악기 카테고리로 분류할 수 있을 듯합니다.

이 시기 역시 또래와 함께 합주를 해보는 것이 좋습니다. 학교, 지역 모임, 종교 단체, 취미 모임 등의 합주팀에서 활동하면 악기를 배우는 시간과 노력을 헛되이 보내지 않을 수 있습니다. 아이의 사교성도 높이고 음악적 재능도 키워주는 기회가 될 것입니다.

2단계

아이의 강점을 키우고 약점을 보완하는 실전 교육

부모와 아이를 고려한 교육 방향 점검하기

아이의 준비만 되어 있다고 음악교육이 당장 가능한 것은 아닙니다. 현실적으로 가정의 시간적, 경제적, 심리적 지원이 필요합니다. 부모는 아이를 얼마나 도와줄 수 있는지 솔직하게 점검해봅시다. 우선 아이에게 집중할 수 있는 시간이 어느 정도 되나요? 아이의 음악 수업에 참관하는 것이 일상이 될 수 있는지, 지속해서 관심을 갖고 연습에 관여해줄 수 있는지를 생각해봅니다. 그리고 가계 지출 문제를 현실적으로 고려해보는 것도 매우 중요합니다. 수업료, 악기 구입비, 연습실 마련 등 장기 지출 계획을 세워봅니다.

한편 우리 아이에게 맞는 방법이 무엇인지 부모만큼 잘 아는 사람은 없습니다. 아이의 성향을 살펴보고 일대일 레슨을 받으며 선생님이 자신에게만 관심을 두는 것을 좋아하는 아이인지, 그룹에 속해 친구와 함께 배우는 것에 더 의미를 두는 아이인지 파악해봅니다. 엄마의 현재 상태와 아이의 성향에 대해서 정확히 알고 음악 교육을 진행한다면 효과가 배가 될 것입니다.

악기를 가르치는 나는 어떤 부모일까?

기본을 다지기 위한 유형

아이가 초등학생 때 기본을 익히는 것을 목표로 시작하는 경우가 많습니다. '악보만 볼 줄 알면 되지.', '피아노는 기본으로 쳐야지.'라는 마음으로 시작합니다. 학교에서 자주 사용하는 악기인 단소나 리코더 등을 가르치며 수업시간 활용도를 따지는 전략을 사용하기도 합니다.

최종 목표가 확실한 유형

최종 도달점을 진도의 기준으로 삼습니다. 예를 들어 '체르니 40까지는 끝내야 해!'라고 생각해 진도를 마칠 때까지 아이를 가르칩니다. 체르니 40이라는 기준 외에도 학교에 가서 음악 시간이나 수행평가에 활용할 수 있게 어느 정도까지는 수준을 끌어올리길 원하는 경우도 있습니다.

전공 선택까지 관심이 있는 유형

전공을 염두에 두고 악기를 가르치는 부모는 많지 않습니다. 그러나 아이가 음악을 전공으로 원한다면 말리고 싶지 않다는 분도 있습니다. 음악을 정말 좋아하고 잘한다면 음악으로 진로를 정해도 지원하겠다는 경우입니다.

음악을 좋아하고 즐기는 유형

부모 자신이 음악을 좋아해서 아이도 음악을 즐길 수 있게 도와주는 경우입니다. 음악을 아이의 인성과 감성을 키우기 위한 교육으로 연결시키기도 합니다. 음악을 즐거운 여가 활동 중 하나로 생각하여 아낌없이 지원하고, 아이에게 다양한 악기를 접할 기회를 주기도 합니다.

혹시 아이가 남다른 재능이 있는 것 같은데 부모님의 여력이 부족하다면, 사회적 기회 등 외부 지원을 알아보는 것도 필요합니다.

인내심이 부족한 아이에게 추천하는 악기

악기는 배운 지 3~6개월 이후 결과물이 나오지 않으면 지루하고 재미없다는 느낌이 강해 포기하기 쉽습니다. 악기는 어른들도 배우기 어려운데, 집중력과 인내심이 부족한 아이들은 더욱 힘들겠죠. 그렇다면 조금 더 쉬운 악기는 없는 걸까요? 어떤 악기가 내 아이에게 조금 더 쉬울지 함께 알아보겠습니다.

쉬운 악기란 기준에 따라 달라집니다. 우선, 아이가 무엇을 어려워하는지 살펴보세요. 집에서 연습할 수 없어서 힘들어 하나요? 악보를 보는 것을 어려워하나요? 아니면 연주하는 것을 어려워하나요? 어떤 아이에겐 쉬운 악기가 우리 아이에게는 너무 어려운 악기가 될 수 있어요. 힘들어 하는 이유에 따라 악기를 선택해보세요.

휴대성이 편한 악기

악기를 들고 어디서든 편하게 연습하는 것을 좋아하는 아이라면 무게와 휴대성을 따져서 악기를 선택해보세요. 이동이 특히 어려운 악기가 있으므로 이를 염두에 둡니다. 악기를 비교하며 예시를 들어보겠습니다.

드럼보다는 젬베가 휴대성이 좋습니다. 드럼은 연습하기 위해 집 안에 들여놓기 어렵죠. 그 대신 버스킹에 많이 쓰이는 젬베는 집 안에서 연습하기 좋습니다. 화음을 연주할 수 있는 악기로 피아노나 기타가 대표적인데요. 피아노보다 휴대하기 간편한 기타는 문득 떠오르는 악상을 작곡하고 싶어질 때 좋은 파트너가 됩니다. 작은 기타라 여겨지는 우쿨렐레는 워낙 작은 악기여서 여행갈 때 챙기기에 좋습니다.

소리가 잘 나는 악기

소리를 내기 쉬운 악기는 아이가 흥미를 더 빠르게 느낍니다. 피아노는 손가락으로 누르면 바로 소리가 나기 때문에 큰 노력을 하지 않고도 정확한 음이 납니다. 또 다른 악기로는 드럼이 있습니다. 드럼은 스틱으로 치면 소리가 바로 나기 때문에 초반 진입이 쉽습니다. 박자를 느끼고 즐길 수 있는 유치원생도 배울 수 있지만 일반적으로 너무 어리면 음의 강약을 이해할 수 없고 손과 팔의 힘이 부족하기 때문에 초등학생 정도는 되었을 때 배우는 게 좋습니다.

연주법이 비교적 쉬운 악기

기타에 비해 우쿨렐레는 소리 내기 쉽고 연주도 더 간단합니다. 기타는 손가락이 아파 그만두는 경우가 많은데 우쿨렐레는 덜 아파합니다. 그리고 의외로 바이올린보다 첼로가 연주하기 더 쉽습니다. 게다가 바이올린은 주선율을 담당하는 악기이므로 연주에서 실수가 두드러집니다. 아이가 자기 실수를 들으면서 스트레스를 더 받을 수 있습니다. 이럴 때는 첼로처럼 낮은 소리를 내는 악기를 생각해보는 것도 방법입니다. 첼로는 악보가 단순하고 연주 자세도 쉬운 편입니다. 그래서 아이가 쉽게 재미를 느낄 수 있어요.

오선 악보를 보며 음을 읽는 것에 부담을 느끼는 아이도 있습니다. 이럴 땐 오선 악보를 익히지 않아도 연주할 수 있는 악기를 추천합니다. 기타와 우쿨렐레는 어느 줄의 몇 번째 지판을 짚어야 되는지 알려주는 타브 악보를 사용합니다. 드럼의 악보는 음의 높낮이가 표현되어 있지 않고, 어떤 타이밍에 무엇을 쳐야 하는지 나타냅니다. 하모니카와 오카리나는 구매할 때 운지법을 쉽게 익힐 수 있는 악보가 제공되어 독학하기에 수월합니다.

그리고 아이가 악기의 외형을 보고 멋있는 자태에 반해 선택하는 경우가 꽤 많습니다. 이것은 악기를 배우는 좋은 동기가 되기도 합니다. 악기의 특성을 파악만 하고 있다면 아이의 본능적 선택을 믿어 봐도 좋습니다.

악기를 고르는 데 꼭 지켜야 할 원칙 같은 것은 없습니다. 다만 이 책이 악기 선택에 있어 작은 등불이라도 되기를 바랍니다. 또한 앞서 설명한 내용은 악기 자체에 대한 이야기이므로 개개인에게 일반화하기는 어렵습니다. 이 점을 고려해 아이의 평생 친구가 되어 줄 악기를 잘 선택하시길 바랍니다.

남자아이를 가르칠 때 주의할 점

남자아이의 악기 교육은 유난히 어렵습니다. 엄마가 여자인 본인의 성장 과정을 바탕으로 남자아이의 악기 교육을 시작하면 실패할 확률이 아주 높아집니다. 또한 사춘기가 되면 본격적으로 엄마와의 간격이 더 커지기 때문에 이 시기가 오기 전에 음악으로 정서적 유대감을 형성하면 좋습니다.

한편 음악은 기본적으로 선율, 화성, 리듬으로 이루어져 있는데, 남자아이들 교육에 있어 이 부분을 제대로 가르쳐주지 않으면 악기 교육은 하나 마나 한 게 됩니다. 음악의 장르를 파악하고 남자아이의 특징을 잘 알아야 제대로 가르칠 수 있습니다. 먼저 남자아이의 특성을 하나씩 살펴볼까요.

남자아이의 특징 이해하기

여자아이보다 성장이 느리다

남녀 차이에 대한 연구를 보면 초등학교 시기에는 여자아이가 남자아이보다 높은 성취를 보인다고 합니다. 인지능력이나 사회성, 정서, 행동이나 태도도 확실히 비교가 되며, 아무래도 심리적으로 여자아이들에게 위축되는 경향도 있습니다.

운동능력이 뛰어나다

남자아이의 뇌는 시상하부가 발달해 있어서 자신의 욕구를 채우는 데 집중하며 몸을 움직이는 운동을 좋아합니다. 공을 사용하는 구기 종목에서 큰 활약을 보입니다. 활동적이고 몸을 많이 움직이는 남자들의 특징을 진화론적 관점에서 설명하면, 원시시대에 남자는 사냥을 담당하며 먹잇감을 찾기 위해 곳곳을 뛰어다니며 공격하고 달려들었고 이러한 역할을 수행할 수 있도록 뇌도 구조화되었다고 합니다. 흥분성 신경망이 활발하고, 남성 호르몬인 테스토스테론의 분비가 도파민을 촉진해 경쟁을 좋아하게 됩니다.

공간지각력이 발달한다

펜실베이니아주립대학교의 린 리벤 교수팀의 연구에 따르면 미국 지리 경진대회에서 최종까지 남은 아이들의 성별을 살펴보니 남자아이가 여자아이의 45배가 넘었다고 합니다. 이 대회에서 수행해야 하는 과제는 지도를 보고 지역 찾기, 지형 구별하기 등 공간을 추론하고 입체적으로 사고하는 능력과 연관된 것이었습니다. 이 외에도 우뇌가 발달하는 경향이 있어 수학, 과학 등의 논리적 사고에 유리한 편입니다.

말을 잘 안 듣는다

『말을 듣지 않는 남자 지도를 읽지 못하는 여자』(앨런 피즈·바바라 피즈 지음, 김영사, 2011)라는 책의 제목이 있듯이 남자아이는 말을 잘 듣지 않습니다. 여자아이는 어른에게 사랑 받는 행동이 무엇인지 알고 행동합니다. 한편 남자아이는 칭찬받는 것에 조금 관심이 덜한 편이에요. 그래서 부모의 속을 썩이는 경향이 있습니다.

감정 표현에 서툴다

곽윤정의 『아들의 뇌』(나무의철학, 2015)에서 성별 간 차이를 알려주는 제니퍼 제임스의 연구를 소개했습니다. 이 연구에서는 인간의 감정 처리 속도에서 성별 차이가 있는지 실험했고 그 결과 남성은 복잡하고 양면적인 감정이나 여러 사람의 자극을 동시에 처리하는 데 걸리는 시간이 여성보다 평균 7시간 정도 길다고 합니다. 남자아이는 복잡한 감정을 언어로 표현하는 데 서툽니다. 그래서 감정을 언어로 표현하거나 해소하지 못하여 그 감정에서 벗어나기 힘들어 하는 경우가 많습니다. 따라서 감정을 표현할 수 있는 무언가가 있으면 정서적으로 돌파구가 될 수 있습니다.

남자아이에게 알맞은 음악교육 방향

남자아이의 기본적인 특징을 이해하고 음악교육에도 적용해야 합니다. 이를테면 느린 성장 속도와 말 안 듣는 특성을 이해하는 거죠. 그리고 남자아이의 단점을 보완하고 장점을 살릴 수 있는 방향을 고려해야 합니다.

음악에는 화성, 선율, 리듬의 세 가지 요소가 있어요. 남자아이들은 리듬에 더 유리한 경향이 있습니다. 남자아이는 음악의 어떤 요소보다도 리듬에 더 자연스럽게 반응합니다. 음악에서 멜로디가 뇌와 연결된다면 리듬은 몸과 연결됩니다. 리듬이 몸과 연동된다는 것은 누구나 경험했을 것입니다. 예를 들어, 멜로디만 있는 음악이 아닌 드럼과 베이스의 리듬이 있는 음악을 들으면 자연스럽게 몸을 움직이게 되지 않던가요.

그래서 남자아이는 클래식보다는 실용음악에 더 반응을 보이기도 합니다. 클래식은 정박이라고 해서 '강-약-중간-약'의 패턴을 따릅니다. 실용음악은 그루브를 중요하게 생각하며 '약-강-약-강'의 패턴을 가지고 있습니다. 리듬적으로 더 다이내믹하고 강렬합니다. 다시 말해 남자아이와 여자아이에게 잘 맞는 악기를 선택하기 위해서는 장르적 이해도 뒷받침되어야 합니다.

아이에 따른 악기 선택이 중요하다

혹여 아이가 초등학교 6학년쯤 되어 친구들의 연주를 보고 기타나 클라리넷 같은 새 악기를 연주하고 싶다고 조르면 부모님은 다음과 같은 말을 합니다.

"새로운 악기를 또 한다고? 그럼 비싸게 준 바이올린은 어떻게 해? 들인 돈이 얼만데! 이제 중학생이 되는데 공부에 집중해야지."

결국 부모님은 지난 비용과 시간 때문에 속이 쓰리고, 아이는 악기를 배울 수 있는 시기를 놓치고 맙니다. 따라서 처음부터 실패하지 않는 악기 선택이 꽤 중요합니다. 음악은 그렇게 시작해서 꾸준히 연습해야만 그제야 "조금 할 줄 아네."라는 말을 듣는 조금은 고행의 길입니다.

세상에 똑같은 아이는 한 명도 없어요. 이것이 음악교육에서 절대로 한 가지 방법만이 옳을 수 없는 이유입니다. 음악교육의 해답은 바로 아이 안에 있습니다. 그래서 내 아이에게 잘 맞는 악기와 음악 장르가 무엇인지 파악하는 것이 중요합니다. 이렇듯 아이의 기질과 특징을 파악해서 온전히 아이에게 집중하고 환경을 돌아보는 것에서부터 음악교육은 출발해야 합니다

초등학교 저학년 남자아이 악기교육은 유난히 어렵습니다. 그렇다고 과도한 걱정은 금물입니다. 부모는 그저 내 아이의 가능성과 창의성을 믿고 비교하지 않으면서 조금 대범하게 기다려주면 됩니다. 봄에 피는 개나리가 있으면 가을에 피는 국화가 있듯이 우리 아이의 재능이 활짝 필 시기를 소신있게 기다려보는 건 어떨까요.

3단계

고비를 이겨내는 경험이 해결 능력을 기른다

악기 연습을 할 때 부모가 도와주는 방법

악기를 배우는 과정은 계단을 오르는 것과 비슷합니다. 계단을 올라가면 다음 계단이 나오고 그 계단을 올라가면 또 다음 계단이 나오듯이 음악은 끊임없이 단계를 올라가면서 성장해갑니다. 그 계단들마다 난이도가 일률적인 것은 아니어서 어느 때는 쉽게 오르고 어느 때는 두세 배의 노력이 필요합니다. 매우 힘들어서 포기하고 싶어지는 고비를 맞기도 합니다. 그런데 어느 정도 숙련되면 마치 자전거를 탈 때 의식하지 않아도 발이 페달을 밟는 것처럼 매우 자연스럽게 악기를 다루게 됩니다. 특히 악보를 어느 정도 볼 줄 알게 되면 연습한 지 오래되어도 쉽게 잊어버리지 않습니다. 그렇다면 악기를 연습할 때 오는 고비들은 어떻게 넘길 수 있을까요?

연습 방법에 적극적으로 관여하기

음악은 어느 정도 수준까지 끌어올리지 않으면 곧 도로 아미타불이 됩니다. 공들여 쌓은 탑을 무너지지 않게 하려면 연습을 잘해야 하는데, 이때 연습 환경을 깨끗이 정돈하는 것이 중요합니다. 공부할 때와 마찬가지로 지저분한 환경에서 연습이 제대로 될 리 없어요. 만약 정리정돈이 잘된 환경에서도 집중하지 못한다면 아이의 성향을 파악해야 합니다.

연습 시간에 아이가 산만하다면, 레슨 초기에만 잠깐 산만한 건지, 레슨 내내 산만한 건지 지켜볼 필요가 있습니다. 초기에만 산만한 아이라면 앞으로 일어날 일에 대한 호기심이 많아서 그런 것이므로 레슨을 시작하기 전에 진행할 학습 과정을 간단히 설명해주면 레슨에 더욱 집중하게 됩니다.

레슨 시간 내내 산만한 아이라면 왜 연습을 해야 하는지 목표가 설정되지 않았을 가능성이 높습니다. 따라서 레슨을 받아야 하는 이유를 부모와 아이가 함께 설정하고, 짧은 시간 단위의 계획을 세워 충족했을 때 칭찬이나 보상을 해주면 집중력이 높아집니다. 꼼꼼하지 않거나 지나치게 대담한 아이는 음악을 표현하는 능력은 뛰어나지만 연주가 틀렸을 때 크게 신경 쓰지 않는 문제점이 있습니다. 이런 아이들은 칭찬이나 격려를 통해 자꾸 틀리는 부분을 반드시 짚고 넘어갈 수 있도록 유도해야 합니다.

영국의 심리학자 존 슬로보다 박사는 유명 음악학교에 다니는 학생들을 대상으로 연구한 결과, 이 아이들의 공통점은 부모들이 아이의 레슨이나 연습에 매우 적극적으로 관여하고 아이가 어릴 때부터 기초를 다지기 위해 연습을 지도하고 감독한 것으로 나타났습니다. 이 학생들은 부모가 연습하라고 말해주지 않았다면 아마도 이렇게까지 실력이 향상되지 않았을 것이라고 말했습니다.

피아노 과자 준비하기

아이가 가장 좋아하는 과자를 사다가 피아노 위에 올려놓고 연습을 시작해 보는 것은 어떨까요. 일곱 번 연습하기로 했다면 한 번 칠 때마다 과자를 입에 쏙 넣어주세요. 아이와 마트에 나가서 직접 '피아노 과자'를 고르는 방법도 연습 고비를 넘기는 데 효과적입니다. 물론 연습 때마다 이 방법을 사용하는 것은 옳지 않지만 아이들이 유난히 연습하기를 싫어하는 날에 쓰면 좋습니다. 피아노를 칠 때 과자를 먹는 것은 집중력에 방해가 되기는 합니다. 하지만 고비를 무사히 넘기고 연습을 거르지 않는 것이 더 중요하다고 생각합니다.

연습하기 싫어할 땐 듣기 훈련으로 빠르게 전환하기

연습을 하다보면 유난히 하기 싫은 날이 있습니다. 이럴 때는 과감히 악보를 덮고 쉬는 것이 좋습니다. 대신 연습의 끈을 놓지 않고 싶다면 듣는 훈련으로 전환할 수 있습니다. 음악을 듣기에 가장 좋은 환경은 자동차 안입니다. 아이의 등하굣길 혹은 여행할 때 차 안에서 연습용 CD를 들려주는 것은 어떨까요. 차 안은 밀폐된 공간이어서 음악을 틀었을 때 집중력이 매우 높아집니다. 또한 엄마와 둘만의 시간이기 때문에 아이도 심리적으로 안정되어 있어 음악이 귀에 쏙쏙 들어옵니다.

본인의 연주를 녹음해서 들려주기

본인의 연주를 녹음해서 들려주거나 동영상으로 찍어 보여주는 것도 효과적입니다. 자신의 연주를 흥미롭게 들을 수 있을 뿐 아니라 객관적으로 자기 연주를 듣게 되는 장점도 있습니다. 동영상으로 찍어서 보여주는 것은 자세 교정에 좋습니다. 본인이 연습한 동영상을 보고 즉각 연습을 더 할지도 모를 일입니다.

부분 연습을 권유해보기

한 곡을 완성시키는 과정에서 오는 고비는 부분 연습으로 극복하도록 권유해봅니다. 한 곡을 마스터하기 위해서는 연주가 자연스레 연결되지 않는 지점을 반드시 만나게 됩니다. 음악은 시간적 예술이기 때문에 막힘없는 흐름이 중요합니다. 흐름에 있어 연주하기 어려운 부분을 버벅대면 연주하는 자신뿐 아니라 주변인들도 답답함을 느끼게 됩니다. 이러한 거북함 역시 연습 과정에서 고비로 이어질 수 있습니다. 이때는 전체적 흐름을 뒤로 제쳐놓고 그 부분만 집중 연습하는 분위기를 마련해줍니다. 부분 연습으로 좀 더 자연스러운 흐름이 완성되고 연습을 본궤도로 다시 올려놓을 수 있습니다.

신체적으로 불편한 점은 없는지 살피기

아이가 연습을 하다가 신체적으로 불편해져서 고비가 생기는 경우가 의외로 많습니다. 악기별로 살펴본다면, 바이올린은 어깨가 불편해질 수 있습니다. 이럴 때는 패드형 어깨받침을 부착해주는 방법이 있습니다. 현악기의 활을 잡을 때도 손 모양이 어색할 수 있는데 현악기 활 연습용 부속품들을 사용하면 더 쉽게 잡을 수 있습니다. 거추장스러운 첼로의 T자 받침대보다 도넛 모양의 스토퍼를 이용하는 것도 편리성에서 도움이 됩니다.

플루트 같은 경우는 호흡에서 어려움을 느낄 수 있습니다. 플루트는 복식호흡을 해야 하는데, 아이들은 흉식호흡을 많이 하기 때문에 여기서 어려움이 시작될 수 있습니다. 즉 호흡에 적응하지 못하고 어지러움과 두통 등을 느껴 연습이 원활하지 않을 수 있습니다. 따라서 부모는 악보를 잘 읽는 것만 살펴볼 것이 아니라 부적절한 호흡법에서 오는 어려움은 없는지 함께 살펴보면 좋습니다. 키가 작은 아이라면 피아노를 칠 때 발이 땅에 닿지 않아서 생기는 불편함과 불안정함을 받침대로 해소할 수 있습니다. 자세가 교정되는 효과도 있습니다.

칭찬하고 격려하기

EBS의 〈오래된 미래, 전통육아의 비밀〉 제작팀이 쓴 『오래된 미래, 전통육아의 비밀』(라이온북스, 2012)은 함께 잠자기, 업어 키우기 등 한국의 전통 육아법을 복원하고 그것을 현대적으로 해석했습니다. 엄마와 함께하는 경험을 아이가 악기 연습을 할 때 적용시키면 매우 효과적입니다. 아이가 연습이라는 외롭고 지루한 터널을 통과하는 동안 엄마가 옆에 있어주면 아이는 큰 위로를 받습니다. 아이가 연습할 때 방해가 되지 않을 만큼 머리를 쓰다듬어주는 것도 좋고 대견한 표정으로 바라봐주는 것도 좋습니다. 엄마가 안아주면 아이는 피아노를 한두 번이라도 더 치게 되고, 스킨십을 통해 엄마의 사랑을 느끼게 됩니다. 연습하는 아이 옆에서 차분하게 책을 읽는다거나 글을 쓴다거나 뜨개질을 하는 것은 아이에게 긍정적인 영향을 줍니다. 부모의 적극적인 관심과 진심 어린 칭찬과 격려는 아이의 자신감을 고취시키는 데 어떤 보상보다 효과적입니다. 아이에게 특별한 칭찬을 해주는 것이 어떨까요. 칭찬은 아이 스스로 자신을 긍정적으로 바라보게 하는 기회가 되어 음악적 자존감을 높여줄 것입니다.

음악 학원을 가기 싫어할 때 점검해야 할 것들

아이는 열정이 변덕스럽고 책임과 의무에서 벗어나기 쉽습니다. 아이는 친구들을 통해 성실하지 못한 행동을 배워 학원을 빠지기도 하고, 마음속에 어딘가 모를 불편함 때문에 학원으로 향하는 발걸음을 무겁게 느끼기도 할 것입니다. 아이는 지금 어떤 이유로 음악 학원을 그만두고 싶어하는 걸까요. 아이의 수준과 현재 배우고 있는 진도가 안 맞을 수도 있고 아이가 악기에 흥미를 잃었을 수도 있습니다. 원인을 정확히 알아야 해결할 수 있죠. 다음 체크리스트를 점검하면서 아이가 학원에 가기 싫어하는 이유를 살펴보겠습니다.

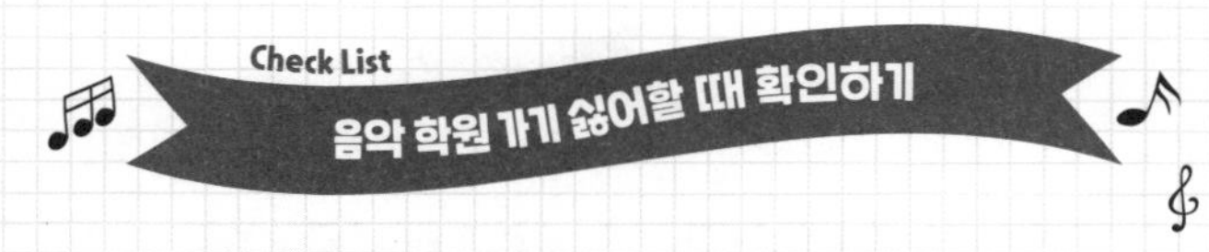

- 음악 선생님과 잘 맞지 않는 건 아닌지 확인한다.
- 아이의 진도 및 난이도를 살핀다. 아이의 수준에 비해 너무 어렵거나 너무 쉽지 않은지 확인한다.
- 요즘 배우는 특별한 연주법이 어려운지 확인한다. 이 경우에는 지나가는 작은 고비로 생각해도 좋다.
- 아이의 동기가 시들해졌는지 묻는다. 이유가 무엇인지 아이와 대화하며 해결한다.
- 악기에 흥미가 떨어졌다. 원초적 문제이므로 악기, 교재 및 연주 스타일을 바꾸어본다.
- 학원과 개인 수업 중에서 맞는 방향으로 가고 있는지 점검해야 한다. 아이의 특징에 집중해보고 만약 틀린 방향이라 생각되면 과감히 변경하는 것도 필요하다.

아이와 선생님의 관계 점검해보기

선생님의 유형에는 클래식을 잘 가르치는 선생님, 다양한 장르의 음악들을 소개해주는 선생님, 초견이나 즉흥연주를 다루는 선생님이 있습니다. 또한 친밀감을 느끼게 해주는 선생님이 있습니다.

아이의 나이나 수준에 맞는 음악 이론이나 음악사를 알려줄 수 있는 선생님은 아이에게 영감을 심어줄 수 있습니다. 아이의 성향에 맞는 좋은 선생님을 소개하겠습니다.

고집이 센 아이는 먼저 시범 연주를 보여줘서 고집스러운 나쁜 습관을 버리도록 도와주고 연습 시간을 함께 보내며 작은 부탁에도 귀 기울여주는 선생님이 좋습니다. 잘난 체하는 아이는 사소한 테크닉이나 연주에도 관심을 보여주며 칭찬해주고 이야기를 잘 들어주는 선생님이 좋습니다. 책임감이 부족한 아이는 혼자서 연습을 하도록 격려해주고, 아이가 잘하지 못한 점을 충고해주되 지나친 부담은 주지 않는 선생님이 좋습니다. 용기와 자신감이 부족한 아이는 연습 과정이나 연주의 약점을 들추지 않고 해결책을 먼저 이야기해주면서 함께 참여해주는 선생님이 좋습니다. 자꾸 투덜대는 아이는 불평불만을 무조건 들어주는 것보다 함께 해결책을 찾거나 적극적인 친구들과의 합주 기회를 마련해주는 선생님이 좋습니다.

아무리 실력이 뛰어난 선생님이라도 아이의 마음을 얻지 못하고 소통이 안 되면 아이는 배움이 지겨워질 수밖에 없습니다. 그렇다면 아이에게 가장 좋은 선생님은 어떤 선생님일까요? 뭐니 뭐니 해도 가르침을 받을 아이가 선생님을 좋아해야 합니다. 그것은 아이가 음악을 계속하게 만드는 길이기도 합니다.

교재가 잘 맞는지 확인하기

교재는 수업의 질을 좌우할 뿐 아니라 아이와 잘 맞지 않는 교재는 음악에 대한 흥미를 떨어뜨리는 요소가 되기도 합니다. 좋은 선생님 못지않게 교재도 중요합니다. 교재는 현대에 어울리지 않는 오른손 멜로디, 왼손 반주식의 구식 연습곡보다 반주, 청음, 테크닉, 즉흥연주 등의 여러 기술을 가르치는 교재가 좋습니다. 또한 피아노 교육이 점차 반주법이나 재즈 피아노 분야로 눈을 돌리고 있는 추세입니다. 이 상황을 염두하고 개인의 성향이나 음악적 취향에 따라 교재 선택에 신중을 기하길 바랍니다.

- 반주나 코드를 익히기 쉬운 교재는 자발적인 음악 활동을 하는 데 유리하다.
- 교재가 너무 많으면 다소 혼란을 줄 수 있으며 진도가 느릴 수 있다.
- 아이들이 어려워하는 낮은음자리표 음들을 연습곡 안에서 자연스럽게 받아들일 수 있도록 구성되어 있는 책이 좋다.
- 멜로디 위주의 음악에서 벗어나 다양한 패턴을 연주하도록 만들어져 있는 것이 자신의 스타일을 찾아가는 데 도움이 된다.

- ☑ 테크닉과 청음을 친근하게 접할 수 있는 교재가 좋다.
- ☑ 중급 과정에서 다른 책들과 연계할 때 자연스럽게 연결되는 교재를 고려해본다.
- ☑ 피아노는 화음을 어떻게 접근하는지가 중요하다. 너무 어린 아이의 경우에는 화음을 치기 어려울 수 있다. 따라서 교재를 선택할 때는 12조성을 다루는 점진적인 접근법을 사용하여 화성을 익히도록 고안된 교재가 좋다.

악기 연습 고비를 극복하는 네 가지 솔루션

잘 배우던 아이라도 악기를 그만두겠다고 하는 때가 옵니다. 생기가 없고 처져 있으며 학원에 끌려가는 듯한 느낌이 든다면 한번쯤 다음과 같은 점검을 해봅니다. 다만, 악기 연습이 힘든 건 당연합니다. 악기를 전공하는 연주자들도 악기가 그저 재미있지만은 않았을 것입니다. 혹독한 연습과 인내를 달콤하다고 느낀 경우는 많지 않을 거예요. 이런 이유가 아닌 내 아이만의 특별한 이유는 없는 걸까요. 그 이유를 찾고 해결해줄 수 있다면 아이가 다시 즐겁게 연주해나갈 수 있을 것입니다. 아이가 악기를 그만두려는 이유에 대해 부모들은 다음 내용을 참고해보세요.

결과가 빨리 나오지 않는다

이것이 악기를 그만두는 가장 큰 문제일지 모릅니다. 아이들이 좋아하는 게임의 경우, 적을 무찌르면 점수가 올라가며 레벨이 오릅니다. 그런데 악기는요? 재미가 없고 지루한데다가, 내가 하고 있는 연습이 도움이 되는지도 알 수가 없습니다. 확인할 수 있는 방법은 연주를 해서 누군가에게 들려주고 피드백을 받는 것입니다. 또한 연습을 했다고 해서 바로 남을 감동시킬 수 있는 것도 아닙니다. 단계별로 과정을 밟아야 하면서 장기적인 노력과 시간의 투자가 필요한 일이라 결과가 빠르게 나타나지 않습니다.

이럴 때 해결책으로는 어느 정도 보상과 칭찬이 필요하며 결과에 따른 작은 선물도 준비하면 좋겠습니다. 또한 선생님은 아이의 주의를 끌 만한 짧은 악곡을 준비하여 단기간에도 성취감을 느낄 수 있도록 장려해주면 좋겠습니다.

중요성을 못 느낀다

도대체 왜 연습을 하는지 모르는 경우가 많습니다. 아이들의 대부분은 부모님에 의해 떠밀려서 학원에 옵니다. 어른의 경우, 연주자는 무대에서 꿈이 실현되고, 취미생들은 결과물을 다른 사람에게 들려줘 성취감을 얻습니다. 하지만 나이가 어린 학생들은 결과물을 얻기까지의 긴 시간을 쉽게 납득하기 어렵습니다. 더 즐거운 일(게임, 스마트폰 등)을 포기하면서까지 연습을 해야 하는 이유를 이해하지 못하는 것은 어찌보면 당연합니다. 아이에게 성인이 된 후에야 알게 되는 이런 목표를 부모나 선생님이 아이의 눈높이에서 잘 설명해주면 좋을 듯합니다.

흥미가 없다

연주 실력이 오르려면 음악에 대한 기초 지식을 습득하고, 이 내용을 발판 삼아 연습하고 점차 높은 단계로 올라가는 과정을 계속 반복해야 합니다. 물론 악보를 보는 연습처럼 언제 실력이 완성될지 알 수 없는 과정도 있죠. 어른들도 계속 시도하다가 재미없어 포기하기 쉬운데 아이들은 오죽할까요.

아이의 입장에서 교재가 재미가 없거나 연습하는 곡이 맘에 안 들 수도 있습니다. 그렇다면 아이가 지금 일상에서 듣고 있는 바로 그 곡으로 연습해보길 권해봅니다. 들었던 곡을 자기가 연주할 수 있다면 어느 정도 흥미를 느끼게 될 것입니다. 그리고 악보 보기를 너무 지겨워하는 경우, 오선 악보를 사용하지 않는 악기를 권해보는 방법도 있습니다. 악기를 배우는 것에 심하게 흥미를 잃은 경우, 시간을 두고 듣기나 창작 중심으로 이끌어줘도 괜찮습니다.

내적 불편함이 있다

아이가 레슨 시간에 집중할 수 없을 만큼 신경 쓸 것이 많을 수가 있습니다. 학교 공부가 과도하지 않은지, 학교생활에 긴장하고 있지는 않은지, 아니면 어떤 특별한 고민은 안고 있는 건 아닌지 확인해보세요. 현재 마음 상태에 따라 악기 배우는 것에 여력이 닿지 않을 수도 있습니다. 또한 레슨 시간에 불쾌감, 압박감 등의 부정적인 요인이 있는 건 아닌지 살펴봅니다.

공부는 그 필요성이 명확함에도 불구하고, 하기 싫은 날이 있죠. 그럴 때 옆에서 부모가 강제로라도 하게 하면 다시 공부를 이어나갈 수 있습니다. 하지만 음악을 그렇지 않습니다. 음악 연습은 자신이 자발적으로 움직이지 않으면, 계속 이어나가기 어렵습니다. 그리고 어느 정도 경지에 오르는 연주를 하기까지가 어렵기 때문에 많은 사람들이 도중에 포기하게 됩니다. 하지만 자발적으로 시작한 사람들은 쉽게 포기하지 않아요. 여기에 음악교육의 해법이 있는지 모릅니다. "가서 연습해!"라고 막연히 명령하기 전에 아이가 연습 안하는 이유를 먼저 생각해보세요. 그리고 아이가 조금씩 자신만의 해답을 찾아갈 수 있게 도와주는 것은 어떨까요.

한 번에 여러 가지 악기를 배우는 아이의 문제점

악기 하나를 배우기도 어려운데, 한꺼번에 여러 가지 악기를 배우고 싶어 하는 아이들이 있습니다. 이때 부모님은 두 가지 생각이 교차합니다.

'공부 욕심이 많은 건 좋은 거 아닌가? 우리 아이가 긍정적이고 자기주도적인 것 같아. 음악적 재능이 엄청난 아이인 걸까?'

'아이가 현실성 없이 하고 싶은 것만 많아서 걱정이네. 돈도 들어가고 시간도 없는데 가능한 걸까? 어디까지 지원해줘야 맞는 건지 고민이네.'

아이가 너무 하고 싶은 것이 많다면 고민해봐야 할 문제입니다.

발생하는 문제점들

집중이나 몰입이 어렵다

여러 악기를 배워 각 악기별로 실력이 돋보이는 연주를 하면 멋질 거라는 상상을 하게 되지만, 오히려 집중력과 주의 전환 능력에서 어려움을 겪게 됩니다. 또한 인지능력의 저하로 사고력과 판단력이 감소되어 시간도 많이 걸리게 됩니다. 무엇보다 여러 악기를 배우면 연주를 망치기 십상입니다. 악기마다 연습 시간을 충분히 확보하기도 어렵고 신경이 여러 악기로 분산되어 집중력이 떨어지기 때문입니다. 종합적으로 봤을 때 집중력이나 몰입 면에서 음악적 창의력과 생산성이 저하됩니다.

뇌 에너지 소모가 급격하게 늘어난다

캘리포니아대학교의 애덤 개젤레이 교수에 의하면 하던 일에서 다른 일로 전환하는 데는, 전두엽에서 관장하는 작업 기억을 필요로 하기 때문에 많은 에너지 소모가 동반된다고 합니다. 따라서 다뤄야 하는 과제가 많을수록 에너지 소모가 급증하고 이는 악기를 배울 때 주의 전환에 어려움을 줄 수 있습니다.

학습된 무기력을 경험할 수도 있다

한 아이는 음악적으로 배우는 속도도 빠르고 영특함이 있었습니다. 엄마는 이를 알아차리고 일찍부터 여러 음악교육에 관심을 갖고 열정을 쏟았습니다. 그런데 피아노를 배울 때만 해도 그렇게 이해가 빠르던 아이가 다른 악기에서는 진도가 잘 나가지 않았습니다. 그러면서 점차 포기하고 그만두기를 경험하게 되었고 결국 무기력이 학습되었습니다. 그로인해 새로운 것을 시작할 때 잘해보겠다는 의욕보다 포기를 먼저 하게 되었습니다. 동기부여도 어려워졌습니다. 차라리 한 악기를 배울 때처럼 천천히 한 번에 한 가지씩 잘하는 성공 경험을 하게 했다면 그 아이는 더 잘했을지 모릅니다.

어린 아이들은 자기가 뭐든지 다 잘할 수 있다는 환상을 가지고 있습니다. 이 환상이 바로 타고난 유능감입니다. 그 환상을 깨뜨리지 않는다면 타고난 유능감을 가지고 잘 성장할 수 있을지 모릅니다. 그런데 아이가 잘한다고, 혹은 아이가 잘하는 것을 찾겠다고 이것저것 하다가는 오히려 아이에게 좌절감만 심어줄 수 있습니다. 아이는 자신이 못한다는 말을 듣거나 경험하게 될 때 뭐든지 다 잘할 수 있다는 아이의 환상은 깨지게 됩니다. 한 악기로 성공 경험을 차곡차곡 쌓아갈 때 아이의 유능감은 더 커질 겁니다.

음악을 배우면서
자신을 알아간다

아이가 자신만의 소리를 스스로 찾아가는 방법을 알기 원하면 부모는 어떻게 도와주는 것이 좋을까요? 아이가 무엇을 해야 할지 혼란스러워 할 때, 정말 잘하고 싶은 것과 그렇지 않은 것을 구분해야 합니다. 앞서 살펴본 대로 만일 여러 악기를 배우기 원한다면 가장 잘하고 싶은 악기를 어느 정도 끝내고 다음으로 중요한 악기를 하나씩 끝낼 수 있어야 합니다. 또한 이 경우, 좋아한다고 해서 언제나 다 할 수 있는 것은 아님을 알려주는 것이 좋습니다. 때로는 포기할 줄도 알아야 합니다. 상황이나 환경을 고려해야 하고 주변 사람들도 생각해야 하기 때문에 자기가 좋아하는 것을 모두 하기 어려운 것을 이해시켜주면 좋습니다.

'내가 선택하고 내가 결정한다.'는 것은 책임감의 핵심개념입니다. 어려서부터 선택의 상황을 자주 접하고 그 상황에서 자기만의 이유를 가지고 선택하다 보면 어느덧 자신도 모르는 사이에 심리적인 힘이 생깁니다. 스스로 선택한다는 것은 상황에 대한 통제감을 갖는다는 말과 같습니다. 선택에 주도권이 있다고 생각되면 쉽게 포기하지 않고 오히려 한번 해볼까 하는 자신감이 생깁니다. 작은 일이라도 잘할 수 있는 일들을 통해 성공 경험을 쌓고 현실적인 목표를 세워 달성하게 되면 무기력을 이겨낼 수 있고 새로운 시도도 할 수 있게 됩니다.

진짜 원하는 게 무엇인지 묻는 연습

자신에게 항상 '내가 진짜 원하는 게 뭐지?', '내가 잘하는 건 뭘까?', '나는 뭘 좋아하지?'라고 질문하는 사람들은 지금 당장은 아니라도 반드시 꿈을 이루게 됩니다. 질문은 삶의 방향을 안내해주는 나침반 역할을 해줍니다. 끊임없이 자신에 대해 질문하는 사람들은 삶의 방향을 제대로 찾아가게 되어 있습니다. 음악교육은 아이가 자신을 알아가는 과정이 될 수도 있어요. 이 기회에 아이 내면과 이야기하도록 도와주기로 해요.

자신이 진정으로 원하는 것이 무엇인지를 알려면 자기 내면의 이야기를 듣고 말할 수 있어야 합니다. 내가 진짜 원하는 것이 무엇인지도 모르고 남들이 배우는 피아노를 따라 배우니 연주에 자기 자신의 목소리가 없는 것입니다. 그래서 듣는 사람도 감동이 적고 본인도 즐겁지 않으니 그만두게 됩니다. 다들 악기를 배우니 아이도 한 가지는 가르쳐야지 하는 생각만 하고 아이를 따로 떼어내 바라볼 수 없다면 악기를 계속하기 힘듭니다.

사람들은 흔히 다른 사람에게 보여주기 위한 삶을 살곤 합니다. 그러다 보니 아직도, 어느 정도 비싼 악기로 고급스럽고 폼나는 연주를 하는 것이 인생의 성공인 것처럼 강조하는 사람도 있습니다. 그러나 악기를 배우는 것은 자신의 취미를 찾아가며 나는 어떤 사람인지, 어떤 일을 하고 싶은지, 무엇을 좋아하는지, 무엇을 잘할 수 있는지 등 자신을 알아가는 과정이 되기도 합니다. 어떤 악기에 마음이 끌리고 편안해지는지 아이가 스스로에게 물어볼 수 있는 시간을 선물해보는 건 어떨까요.

4단계

목표를 이루면 음악교육도 끝이 난다

악기를 언제까지 가르쳐야 할까?

아이에게 악기를 가르치다 보면 '언제까지 가르쳐야 하나?'라는 생각이 들 때가 있습니다. 악기마다 난이도가 다르고 아이마다 배움의 폭이 다르니 어리석은 질문이라 여겨질 수 있습니다. 하지만 많은 부모들이 악기를 가르치며 머릿속에 떠올리는 질문 중 하나일 것입니다. 이 문제는 어떤 목적을 가지고 악기를 교습하고 있느냐에 따라 답이 달라집니다. 초등학교 4학년만 되더라도 공부의 틀을 잡아가야 할 시기이므로 이 무렵 배우던 악기를 그만두고 영어, 수학, 논술 등의 학원으로 집중시키는 경우도 많습니다. 배울 것이 많은 요즘 아이들, 음악교육만 고집할 수도 없어요. 그래서 잠시 생각을 정리할 시간을 가져봅니다. 대체 악기, 언제까지 가르쳐야 할까요?

보통 악기는 초등학교 들어가기 전부터 시작하여 초등학교 4학년이 되거나 중학교에 들어가면 그만두는 것이 일반적입니다. 하지만 시기가 중요한 것은 아닙니다. 악기를 오래 배웠다고 잘하는 것은 결코 아니기 때문이죠.

학업에 지장을 주지 않는 정도에서 악기를 계속 배워도 좋다고 생각합니다. 오히려 악기가 학업에 도움이 될 수도 있습니다. 그리고 아이가 정말로 음악에 열정이 있다면 전공 여부를 신중하게 잘 결정해야 합니다. 음악을 전문적으로 공부하는 아이는 중·고등학교 시절에도 공부보다 음악에 비중을 많이 두고 매달려야 하는 경우도 많으니까요. 따라서 언제까지 하는 것이 옳다는 결론은 저마다 다릅니다. 그래서 이 책의 마지막 장은 목표에 따라 언제까지 가르쳐야 하는지에 대해 나누는 것으로 마무리 짓겠습니다.

부모와 아이의 목표를 알 때 답이 보인다

부모와 아이가 어떤 목표를 가지고 음악교육을 하는지 파악하면 언제까지 가르쳐야 하는지 그 답이 나옵니다. 이 기회에 한번 물어보세요. 나는 아이에게 왜 음악교육을 시키고 있는 걸까요?

악기를 호감도를 올려주는 무기로 삼았으면 할 때

노래를 잘하거나 피아노를 수준급으로 치는 모습을 보고 누군가에게 반해본 경험은 누구나 있을 것입니다. 얌전한 줄로만 알았던 친구가 드럼을 열정적으로 연주하거나, 쾌활하기만 했던 친구가 조용히 기타를 치며 노래를 할 때 그 사람의 새로운 매력을 발견하고 호감이 생기게 됩니다. 악기 연주를 멋지게 해내면 다른 사람의 마음을 움직일 수 있습니다. 호감도를 높이는 멋진 연주를 하기 위해서는 많은 연습량이 필수입니다. 단순히 악보만 읽고 흉내 내서는 다른 사람의 마음을 움직이기 쉽지 않기 때문입니다. 따라서 좋은 곡을 자신이 소화하여 연주해야 하므로 어느 정도 연주 실력이 수준급 이상이 되어야 합니다. 호감도를 높이려 할 경우, 심화 과정을 체득할 수 있는 중·고등학교까지 해주는 것이 좋습니다.

수행평가에서 활용했으면 할 때

초등학교 4학년인 한 아이의 엄마는 아이를 피아노 학원에 보내면서 학원에서 제공되는 단소 수업도 가르치고 있습니다. 5학년 음악 교과과정에서 단소를 배우는데 소리내기가 힘들다는 주위 엄마들의 이야기에 선행학습을 목적으로 시작했습니다. 그런데 아이가 악기 연주를 즐거워하는 편이고 인근 중학교에서도 악기 연주를 수행평가로 하는 편이어서 계속 가르칠 생각입니다.

평균적으로 초등학교와 중학교에서 수행평가로 악기 실력을 활용할 수 있는 기회가 있습니다. 수행평가의 내용은 학교별로 차이가 나므로 사전에 정보를 얻는 게 좋습니다. 아이가 수행평가에서 활용할 수 있을 만큼 실력을 갖추려면, 적어도 초등학교 6학년이나 (자유학기제가 있는) 중학교 1학년까지 가르치는 것이 좋습니다.

남들만큼은 하기를 바랄 때

2019년 교육부의 사교육비 조사 결과에 따르면 초등학교 음악 사교육의 참여율은 32%로 수학, 영어, 체육 다음으로 많았습니다. 많은 가정에서는 음악교육을 시키고 있다는 것입니다. 어린 시절 피아노를 가르치며 내실을 다져놓으면 학교에 입학한 뒤 음악 시간에 나오는 악보 정도는 쉽게 볼 수 있게 됩니다. 시대가 변하면서 악기 연주는 기본적으로 갖춰야 할 소양의 하나가 된 것 같습니다.

악보도 어느 정도 보고, 학교에 가서 음악 시간이 어렵지 않게 느낄 정도를 목표로 삼는 부모들도 있습니다. 한마디로 음악 시간에 엄마의 손을 빌리지 않고 혼자 알아서 해낼 수 있는 정도를 바라는 것입니다. 이 정도의 목표라면 초등학교 6학년부터는 중학교 선행 학습을 진행해 바쁘기 때문에 초등학교 5학년까지 가르칩니다.

아이의 특기로 키워주고 싶을 때

중학교 1학년인 여학생을 둔 어머니는 영어나 수학 학원은 안 보내도 바이올린 레슨을 시키고 있습니다. 음악은 열심히 한 만큼 눈에 보이는 결과도 있고, 성취감을 경험하기에도 좋다고 생각해서입니다. 학교 공부는 아이가 자기주도 학습으로 꽤 잘해나가고 있어 큰 걱정은 되지 않습니다.

전공해도 될 만큼 악기에 재능을 보이는 아이들이 있습니다. 이런 학생들은 시간과 경제적 여유가 있다면 과감하게 도와주는 것이 좋습니다. 아이가 계속하고 싶다는 의사가 있으면 그 뜻을 존중해 최대한 오래 지속하는 것이 좋습니다. 다만 계속되는 레슨비가 부담스럽다면 동영상이나 인터넷 강의, 주변의 저렴한 가격으로 배울 수 있는 곳을 찾아봅니다. 또한 이 정도로 악기에 관심이 있는 아이라면 부모는 앞에서 나서지 말고 뒤에서 묵묵히 도와주는 역할로도 충분합니다. 아이가 스스로 방법을 찾아가고 있는지 모르기 때문입니다.

삶의 비타민으로 만들어주고 싶을 때

초등학교 5학년인 아들에게 드럼을 가르치고 있다는 엄마는 악기 가르치는 걸 적극 추천합니다. 어렸을 때 피아노 학원에 보냈지만 피아노에 흥미를 못 느꼈고 축구와 야구 등 운동만을 좋아하는 아이였습니다. 우연한 기회에 동네 학원에서 드럼을 가르쳐보았는데 피아노 때와 다르게 아이가 집중하고 사춘기에 겪는 스트레스도 해소시키는 것 같아 매우 만족스럽다고 했습니다.

인성과 정서에 긍정적인 영향을 줄 것이라 믿으며 악기를 가르치는 경우가 있습니다. 취미생활은 내 아이의 삶을 여유롭게 해주고 힘든 일이 있을 때 쉬어갈 수 있는 작은 안식처가 됩니다. 이 경우에는 아이가 무엇을 좋아하는지 관찰하는 게 중요하고 중학교까지 가르치는 것이 좋습니다.

관심 분야의 기록으로 남기고 싶을 때

교내에서 상위권 성적을 유지하는 중3 남학생은 어린 시절 피아노를 지루해하지 않고 꽤 잘 쳤습니다. 어느 날부턴가 컴퓨터 음악을 접하고 음악 비트를 만드는 것에 심취하고 있습니다. 부모는 공부에 시간을 투자해야 할 때라고 생각했지만 얼마 전부터는 마음을 바꾸었습니다. 평소에도 과학 과목을 좋아해 전자공학쪽으로 진로를 정했는데 컴퓨터 음악도 같이 하면 이점이 있을 거란 생각이 들었기 때문입니다.

학생부 종합전형이 정착되면서 대학 입시에서 자기소개서는 그 중요성이 더 커졌고, 학업 능력과 함께 예체능 활동도 비중 있게 다루어지고 있습니다. 최근 들어 대학들은 공부만 잘하는 학생이 아니라 여러 면에서 이상적인 인재상의 요건을 갖춘 학생을 찾고 있습니다. 그러기 위해서는 어릴 때부터 아이가 관심을 보이는 분야에 대한 기록을 차곡차곡 쌓아두는 것이 좋은 방법입니다. 이런 음악 활동 경험을 쌓아 자신의 스토리를 만들면 그 자체로도 입시에서 경쟁력을 갖출 것입니다. 자신이 좋아하는 음악 활동을 착실히 쌓아나가다 보면 나만의 스토리가 되어 수시 모집에서 좋은 인상을 남길 수 있습니다.

· 부록 ·

부모들이 자주 묻는 질문 Best 3

질문 1.

첫 악기를 꼭 피아노로 시작해야 하나요?

많은 부모님들이 피아노가 아닌 악기를 먼저 가르치려는 경우에 염려하는 것이 있습니다. 피아노를 배우지 않고도 다른 악기를 배울 수 있냐는 것입니다.

피아노는 악기 교육에서 비중이 가장 큰 악기입니다. 피아노는 누구나 비교적 쉽게 접하기 때문에 첫 악기로 배우다 본인에게 잘 맞지 않으면 다른 악기를 추가로 배워나가는 것이 일반적인 순서였습니다. 하지만 최근에 이 질문을 많이 하는 이유는 아이들이 너무 바빠졌기 때문입니다. 이 사회에서 요구하는 공부의 양과 또 다른 갖추어야 할 예체능 항목이 이전보다 많아졌습니다. 미술, 스피치,

수영, 수학선행 등에 쫓기는데, 이 와중에 악기를 두 개씩이나 하다가는 결국 마무리도 못한 채 공부에 집중해야 하는 시기가 됩니다.

피아노를 처음 악기로 선호하는 이유는 피아노는 한 악기로 오케스트라 구현이 가능할 정도로 완벽한 악기이기 때문입니다. 피아노를 잘 치는 아이는 대개 그 외의 악기도 다 잘할 수 있는 능력을 지니게 됩니다. 또한 피아노는 손가락으로 누르면 바로 소리가 나기 때문에 큰 노력을 하지 않고도 정확한 음이 납니다. 그리고 악보를 익히기에 좋은 악기입니다. 악보를 익히면 초등학교 음악 수업도 수월하게 적응합니다.

그러나 이른 나이에 시작한 피아노 레슨은 어떤 아이에게는 악기를 배우는 것에 질려버리는 계기가 될 수도 있습니다. 참 많은 아이들이 많은 학원에 더하여 피아노 배우기까지 떠안고 사니 음악적 재능을 키우는 일에 마음이 멀어지기도 합니다.

아이의 음악교육을 중간에 그만두지 않기 위해서 다음과 같은 질문을 떠올려보는 것이 좋을 것 같습니다.

'아이가 피아노를 얼마나 즐기며 쳤나요?'

'지금도 꾸준히 피아노를 치고 있나요?'

'피아노가 정말 아이의 삶을 풍요롭게 했나요?'

많은 학부모님들이 피아노를 배워야만 다른 악기를 배울 수 있다고 생각합니다. 피아노를 배우면 유리한 점이 많지만 모든 아이에게 해당되는 것은 아닙니다. 어떤 아이에게는 피아노 외의 다른 악기가 소리부터 자태까지 아이의 마음을 편안하고 고요하게, 때로 가슴 뛰게 만들어줄 수 있기 때문이죠. 다른 악기를 첫 악기로 시작하는 것이 오히려 지혜롭고 합리적인 선택이 될 수 있습니다.

질문 2.

음악 학원을 고르는 방법이 있나요?

음악 학원을 보낼 때 어떤 학원을 보내야 하나 고민을 많이 합니다. 다음과 같은 기준으로 선택해보는 것은 어떨까요.

다정한 선생님인지 확인하기

연주로 유명한 것보다는 내 아이를 신경 써주는지, 나이를 떠나 아이들의 눈높이에 맞춰 줄 수 있는지를 따져보는 것이 좋습니다. 아이를 따뜻하게 안아주거나 때로 다정하게 놀아주는 선생님을 만날 수 있으면 좋죠.

밝은 환경인지 확인하기

이왕이면 아이 정서에 좋도록 흑백의 모노톤 계열의 강의실 형태가 아닌 친환경 소재나 원목 느낌이 나는 분위기가 조금 더 좋겠습니다. 빛도 잘 들고 밝은 환경이면 더 좋겠죠.

용어 설명을 쉽게 하는지 확인하기

아이가 다닐 음악 학원을 정할 때에는 이해하기 어려운 음악 이론 용어들을 좀 더 쉽고 재미있게 설명할 수 있는 곳이어야 합니다.

대상층에 따라 학원 구분하기

음악 학원은 때로는 보컬, 악기 등 프로 뮤지션을 꿈꾸는 입시생들을 대상으로 합니다. 아이가 다니는 학원이 입시 전문 학원인지, 어린이들을 대상으로 하는 학원인지 살펴봅니다.

선생님들의 유튜브 확인하기

특히 실용음악 학원의 경우, 유튜브에 홍보를 위해 소속된 선생님의 레슨 영상을 올리는 경우가 많습니다. 학생들은 선생님을 직접 만나보지 않아도 자신이 원하는 선생님을 찾을 수 있습니다. 특히 초등학교 고학년이나 중학생이라면 아이 스스로가 자신에게 맞는 방법과 선생님을 선택할 수 있어야 불만이 적습니다.

SNS 통해서 추천 받기

SNS를 통해 선생님을 추천 받거나 혹은 연락처를 받을 수 있습니다. 특히 전공까지 염두에 둔 경우는 페이스북 같은 SNS에 전문 커뮤니티들이 마련되어 있어서 활발한 문의와 소개가 이루어지기도 합니다. 학원이 잘 맞지 않는다면 개인 레슨을 받는 것도 방법이 될 수 있으므로 이 방법도 고려해봅니다.

학원 프로그램 검토하기

학원에 따라서는 공연을 기획하거나 개최하는 경우도 있습니다. 아이가 좀 더 적극적인 음악 활동을 하기를 원한다면 학원에 프로그램이 갖춰져 있는지 확인해보는 것도 좋습니다. 또한 최근 실용음악 학원들은 자체 녹음실을 보유하고 있어서 레코딩 수업이 이루어지는 경우도 많습니다. 최신의 장비로 혜택을 누리고 싶다면 이런 점도 알아보면 좋을 듯합니다.

질문 3.

실용음악 학원과 음악 학원의 차이는 무엇인가요?

최근 실용음악에 대한 관심이 나날이 높아지고 있습니다. 클래식 음악 학원에서도 실용음악 악기를 가르쳐주고 있고, 동네 곳곳에까지 실용음악 학원이 들어서고 있어서 배울 기회가 크게 확대되었습니다. 실용음악 과정을 개설하는 대학도 늘어나고 있으며, 취미로 배우고 싶어 하는 사람들도 많습니다. 악기 판매에 있어서도 중요한 변화가 있었습니다. 전자악기의 매출은 이미 피아노 매출을 앞질렀는데, 그 비율이 6 대 4 수준이라고 합니다. 엔터테인먼트에 대한 관심이 높아지면서 실용음악의 수요도 날로 증가하고 있습니다.

실용음악이란 무엇인가요?

실용음악이란 연주회의 감상용이 아닌 실생활과 밀접한 음악이라고 할 수 있습니다. 그런 점에서 예술성이 강조되는 순수음악과 차별성을 가지기도 합니다. 음악교육에 있어서는 그동안 고정적인 개념으로 익숙해진 클래식, 국악을 제외한 나머지 부분의 음악을 말하는 경우가 많습니다. 다만 최근 클래식과 국악도 실용음악과 콜라보를 하는 형태가 많아지고 있습니다. 따라서 대중음악은 클래식과 반대가 되는 개념인 반면 실용음악은 대중음악뿐 아니라 클래식의 일부도 포함하고 있는 좀 더 넓은 의미를 지니기도 합니다. 다른 관점에서, 실용음악은 '실제 생활에 활용하기 위한' 그래서 '생활을 윤택하게 하는' 음악이라고도 해석할 수 있고, '생활음악'이라고 하기도 합니다.

또한 실용음악은 단순히 아마추어를 위한 쉬운 음악이 아닌 실용성을 가진 전문적이고 다양한 종류의 음악을 의미하기도 합니다. 영상 음악, 컴퓨터 음악, 무대 음악 등 연주회장에서 이루어지는 전통적인 방식의 예술음악을 제외한 나머지 음악의 총칭을 포함하는 광의의 개념으로 사용되기도 합니다. 영화음악, TV 드라마 음악, 광고음악, 재즈 등의 광범위한 모든 종류의 음악을 말한다고 할 수 있습니다.

실용음악 학원에서는 무엇을 배우나요?

드럼, 일렉기타, 베이스, 보컬 등 우리가 자주 듣는 음악에서 흔히 접할 수 있는 악기를 다룹니다. 각종 실용음악에 대한 이론과 창작, 연주 등을 공부하게 되며 대중음악으로 익히 들었던 멜로디를 다루기도 합니다.

다양한 실용음악 장르와 현대의 문화 예술 분야에 관심이 있는 아이에게 적합합니다. 클래식과 마찬가지로 다양한 음악 이론과 실기 수업을 소화하기 위한 지적 능력과 성실성이 요구됩니다. 학생들 또한 대중매체의 영향으로 학교 음악 수업에서 배우는 가창곡보다는 일반 대중가요를 선호하는 경향이 있으므로 더 흥미롭게 배울 수 있습니다.

기본적으로 악보를 볼 수 있는 능력이 필요하기 때문에 피아노를 연주하거나 합창단 같은 음악 활동을 하는 것이 도움이 됩니다. 어렸을 때부터 실용음악 학원부터 다니는 것도 가능합니다. 그러나 클래식을 기본으로 배운 뒤에 실용음악을 하면 기본기가 탄탄하기 때문에 클래식 음악 학원을 먼저 다녀도 괜찮을 듯합니다. 디지털피아노, 프로그램이 내장되어 있는 신디사이저, 일렉기타와 같이 광고나 영화의 배경음악에서 접할 수 있는 악기들은 십 대들에게 혹은 늦게 음악을 시작한 아이들에게 매력적으로 다가올 것입니다.

어린 연주자는 부모의 사랑으로 자랍니다

이 책에 저의 음악교육 노하우를 아낌없이 담았습니다만, 부모님들께 마지막으로 드리고 싶은 당부의 말이 있습니다. 음악을 가르칠 때뿐만 아니라, 평소에도 아이를 대할 때도 지켰으면 하는 태도들입니다.

첫 번째, 아이를 존중해주면 좋겠어요. 예술을 좋아하는 아이들은 상황에 부딪히면 직관적으로 결정하는 힘이 있습니다. 타인에게 의존하기보다 스스로 결정하는 것을 좋아하므로 존중해주는 것이 좋습니다. 독창적인 의사결정을 잘하므로 너무 많이 간섭하지 않는 것이 좋습니다.

두 번째, 인성교육에 힘써주면 좋겠습니다. 무엇에든지 존경받는 사람이 되려면 결국 그 사람 인격에서 무언가가 묻어나와야 하는 것이 아닐까요. 감동적인 연주에는 연주자의 인격이 반영되기도 할 겁니다. 인성교육에도 힘써줍니다.

세 번째, 아이를 가르치는 자신을 들여다보기 바랍니다. 아이에게 대리만족을 하고 있지 않은지, 아이와의 상호작용에 부정적인 정서가 포함되어 있지는 않은지 들여다봅니다. 부모의 감정을 아이에게 투영하지 않습니다.

네 번째, 아이의 강점을 찾아주세요. 아이의 다중지능 중 예술 분야와 시너지를 이룰 만한 강점이 있는지 찾아봅니다. 예를 들어 논리지능을 가지고 있으면 음악지능을 함께 가지고 있는 경우가 있으므로 입체적으로 아이를 파악해봅니다. 유대인은 자녀교육을 할 때 아이가 무엇에 관심을 갖고 무엇을 잘하는지부터 먼저 파악한다고 합니다. 내 아이가 무엇을 잘하는지 강점을 찾아준다면 대부분의 아이는 그것을 잘 살릴 수 있을 것입니다.

다섯 번째, 아이의 개성을 살려주도록 합니다. 아이에게 가장 찬란한 순간은 좋아하고 잘하는 것을 할 때라는 사실을 잊지 않습니다. 엄마의 역할은 아이가 좋아하는 것을 발견하게 해주는 것만으로도 충분합니다.

이 다섯 가지만 잘 지켜주시면 아이는 스스로 미래를 만들어나갈 것입니다.

악기를 가르치기 전에 상상했던 아이의 모습은, 악기를 멋지게 연주해내거나, 나와 듀엣 혹은 가족과 함께 연주를 하고 있는 모습일 것입니다. 그러나 현실의 아이는 "오늘은 학원 안 갈래.", "내가 왜 해야 하는데?"라고 묻습니다. 그리고 배우자마저도 "악기까지 가르치면 사교육비가 너무 많이 들지 않아?"라며 응원하지 않을 수도 있죠.

그렇지만 아이가 어떤 날은 정말 그럴듯한 연주로 내 마음을 달래주기도 합니다. 아이가 비록 더듬거리지만 연주를 끝까지 마쳤던 기억은 아이와 부모 모두를 뿌듯하게 만들어 줄 것입니다. 언젠가 음악교육을 그만하게 되는 날이 올 수도 있습니다. 하지만 음악에 대한 추억, 악기 연주에 대한 작은 열정과 소중한 노력은 아이의 미래에 훌륭한 자산이 될 것입니다.

그러니 잊지 마세요. 최선을 다한 것은 그 자체로 아름다워요. 그 시간은 없어진 것이 아닙니다. 그러니 아이를 응원해주고 힘을 실어주세요. 아이는 아이의 길을 잘 걸어가고 있어요.

수록곡 목록

음악 리스트에 있던 곡들을 쉽게 찾아볼 수 있도록 원문으로 정리했습니다.

아이의 내면 세계를 키우는 음악 리스트

- Bedřich Smetana, <Ma Vlast> No. 2. <Vltava>
- Johann Strauss, <Geshcichten aus dem Wienerwald> Op. 325
- Johann Strauss, <Frühlingsstimmen> Op. 410
- Edvard Grieg, <To Spring> Op.43
- Ludwig van Beethoven, Symphony No. 6 <Pastorale> Op. 68
- Antonio Vivaldi, <The Four Season> Concerto No. 4 In F minor <Winter> Op. 8
- Claude Achille Debussy, <Arabesque> No.1 In E Major

- Claude Achille Debussy, <Suite Bergamasque> L.75 Ⅲ <Clair de lune>
- Gabriel Faure, <Sicilienne> In G Minor Op.78
- Jean Louis Beaumadier, Caprice pour petite flûte Op. 174
- Richard Strauss, Oboe Concerto In D Major Ⅲ Vivace

아이에게 안정감을 주는 음악 리스트

- Franz Peter Schubert, <Ave Maria> D.839
- Georg Friedrich Händel, <Largo(Ombra Mia Fu)>
- Jules Emile Frédéric Massenet , <Meditation de Thais>
- Robert Schumann , <Fantasiestücke> Op. 12
- Wolfgang Amadeus Mozart, Clarinet Conerto No.1 Allegro
- Ralph Vaughan Williams , <Fantasia on Greensleeves>
- Robert Alexander Schumann , <Im Wunderschonen Monat Mai>
- Chair Of Uppingham School, <For the Beauty of the Earth>
- 대교TV 어린이 합창단, <이 세상의 모든 것 다 주고 싶어>
- Wolfgang Amadeus Mozart, <Wiegenlied> K. 350
- Johannes Brahms, <Lullaby> Op.49-4
- Frédéric Chopin, <Berceuse> in D flat Op.57
- Gabriel Urbain Fauré, <Apres Un Reve> Op.7-1
- Franz Xaver Gruber, <Silent Night>
- Tekla Badarzewska, <Madchens Wunsch>

아이의 신체 활동을 돕는 음악 리스트

- Frédéric Chopin, <Waltzes> No.11 In G Flat Major Op.70-1
- Frédéric Chopin, <Waltzes> No.13 In D Flat Major Op.70-3
- Johannes Brahms, <Hungarian Dances> No.5 In G Minor
- Edvard Grieg, <Peer Gynt Suite> No.2 <Arab Dance> Op. 55
- Rimsky Korsakov, <Flight of the Bumblebee>
- Pablo de Sarasate, <Spanish Dances> No.1 <Romanza Andaluza> Op.22
- Pyotr Ilich Tchaikovsky, <The Sleeping Beauty> Op.66
- Maurice Ravel, <Bolero>
- Benny Goodman, <In The Mood>
- Duke Ellington, <Take The A Train>
- T SQUARE, <Sunnyside Cruise>

아이의 즐거운 아침을 위한 음악 리스트

- Georg Friedrich Händel, Concerto Grosso No.1 In G Major Op.6
- Georg Friedrich Händel, <Music for Royal Fireworks> In D Major HWV 351
- Georg Friedrich Händel, Violin Sonata No.14 In A Major Op.1 HWV 372
- Johann Sebastian Bach, <Brandenburg> Concerto No. 2 In F Major BWV 1047
- 박종성, <Dimple>
- 전제덕, <Breezin>

- Josif Ivanovici, <Donauwellen Waltz>
- Giuseppe Verdi, <Brindisi>
- Muzio Clement, Piano Sonatine In C Major Op.36-5 Ⅲ Allegro Di Molto
- Johann Sebastian Bach, Bassoon Concerto In E Flat Major W.C 82

아이의 마음을 위로해줄 음악 리스트

- Henry Mancini, <Moon River>
- Forestella, <In Un'altra Vita>
- El Caminito,<바닷속 물고기>
- 조성진, <Nocturne> No.13
- Hisaishi Joe, <Summer>
- 곽진언, 김필, <지친 하루>
- 이적, <걱정 말아요 그대>
- 옥주현, <나는 나만의 것>
- Ludwig van Beethoven, Piano Concerto No.5 In E Flat Major <Emperor> Concerto Op.73 Ⅲ Adagio un poco Mosso
- Sergei Rachmaninoff, Symphony No.2 In E Minor Op.27
- Dmitrii Shostakovich, Piano Concerto No. 2 In F Major Op.102 Andante
- Piotr Ilyitch Tchaikovsky, <Serenade for Strings>
- Ennio Morricone, 《Cinema Paradiso OST》
- Ennio Morricone, 《Misson OST》
- Hans Zimmer, 《Gladiator OST》

- Hans Zimmer, 《Pearl Harbor OST》
- Alan Silvestri, 《Forrest Gump OST》
- Jeremy Zucker, <Comethru>

공부할 때 듣기 좋은 음악 리스트

- 이루마, <River Flows in You>
- 이루마, <Letter>
- 이루마, <Love me>
- Yuhki Kuramoto, <Lake Louise>
- Kevin Kern, <Sundial Dreams>
- Kevin Kern, <Dance Of The Dragonfly>
- Kevin Kern, <Through The Arbor>
- 정재형, <사랑하는 이들에게>

아이의 상상력처럼 통통 튀는 음악 리스트

- Various Artists, 《Studio Ghibli Songs》
- Various Artists, 《Frozen OST》
- Erik Satie, <Gymnopédies>
- George Gershwin, <Rhapsody In Blue>
- Pablo de Sarasate, <Carmen Fantasy> Op.25
- 오르골 엔젤, <Misty>
- Eddie Higgins Trio, <Autumn Leaves>

- Bill Withers, <Just The Two Of Us>
- Cyrille Aimee, Diego Figueiredo, <Just The Two Of Us>

참고문헌

- 김광호, 조미진, 『오래된 미래, 전통육아의 비밀』, 라이온북스, 2012년 7월.
- 곽윤정, 『아들의 뇌』, 나무의철학, 2014년 12월.
- 노먼 그레고리 해밀턴, 『대상관계 이론과 실제』, 학지사, 2007년 3월.
- 데이비드 소넨샤인, 『사운드 디자인』, 커뮤니케이션북스, 2014년 6월.
- 루돌프 E.라도시, J.데이비드 보일, 『음악 심리학』, 학지사, 2001년 2월.
- 백강녕, 안상희, 강동철, 『삼성의 CEO들은 무엇을 공부 하는가』, 알프레드, 2015년 9월.
- 사이토 히로시, 『음악 심리학』, 스카이, 2013년 2월.
- 스테파니 슈타인 크리스, 『뮤직 레슨』, 함께읽는책, 2009년 4월.
- 아타라 벤토빔, 더글러스 보이드, 『악기 여행』, 이치, 2004년 7월.
- 올리버 색스, 『뮤지코필리아』, 알마, 2012년 10월.
- 이석원, 『음악 마인드 과학』, 음악세계, 2002년 7월.
- 정현주, 『인간행동과 음악』, 학지사, 2011년 1월.
- TED-ED, "악기 연주가 당신의 두뇌에 어떻게 도움이 되는가-애니타 콜린스", https://www.youtube.com/watch?v=R0JKCYZ8hng&feature=youtu.be

아이의 감수성과 창의력부터
공부머리까지 함께 키우는

하루 10분 음악의 힘

1판 1쇄 인쇄 2020년 4월 10일
1판 1쇄 발행 2020년 4월 28일

지은이 박남예
펴낸이 고병욱

기획편집실장 김성수 **책임편집** 한지희 **기획편집** 이새봄 이미현
마케팅 이일권 송만석 현나래 김재욱 김은지 이애주 오정민
디자인 공희 진미나 백은주 **외서기획** 이슬
제작 김기창 **관리** 주동은 조재언 **총무** 문준기 노재경 송민진

펴낸곳 청림출판㈜
등록 제1989-000026호

본사 06048 서울시 강남구 도산대로 38길 11 청림출판㈜ (논현동 63)
제2사옥 10881 경기도 파주시 회동길 173 청림아트스페이스 (문발동 518-6)
전화 02-546-4341 **팩스** 02-546-8053
홈페이지 www.chungrim.com **이메일** life@chungrim.com
블로그 blog.naver.com/chungrimlife **페이스북** www.facebook.com/chungrimlife

ISBN 979-11-88700-63-9 (13590)

※ 청림Life는 청림출판㈜의 논픽션·실용도서 전문 브랜드입니다.
※ 이 도서의 국립중앙도서관 출판예정도서목록(CIP)은 서지정보유통지원시스템 홈페이지(http://seoji.nl.go.kr)와 국가자료공동목록시스템(http://www.nl.go.kr/kolisnet)에서 이용하실 수 있습니다.(CIP제어번호: CIP2020012358)